単元 攻略
漸化式の解法
頻出パターン徹底網羅 30

秦野 透 ── 著
Hatano Toru

技術評論社

目　次

はじめに ……………………………… 4
本書の使い方 ………………………… 5
本書を学ぶにあたって
　　確認しておくべき事柄 …………… 6

第1章　漸化式の基本 …………… 9
例題 1 ～例題 8 問題 ………………… 10
例題 1　漸化式とは ………………… 14
例題 2　漸化式から一般項を推測する … 16
例題 3　等差数列を定める漸化式 … 18
例題 4　等比数列を定める漸化式 … 20
例題 5　階差数列を定める漸化式 … 22
例題 6　第 n 項と第 $(n+1)$ 項の関係
　　　　であることを見抜く ……… 24
例題 7　第 n 項と第 $(n+1)$ 項の関係
　　　　をつくる …………………… 26
例題 8　漸化式 $a_{n+1}=pa_n+q$
　　　　（p, q は定数で, $p \neq 1$）解説1　28
例題 8　　　解説2 ………………… 32
例題 8　　　解説3 ………………… 34
例題 8　　　解説4 ………………… 36
（補足）漸化式と関数のグラフ …… 38
（補足）グラフの平行移動により等比型
　　　　の漸化式を得る …………… 40
第1章　まとめ ……………………… 42

第2章　さまざまなアプローチが
　　　　できる漸化式 …………… 43
例題 9 ～例題 12 問題 ……………… 44
例題 9　漸化式 $a_{n+1}=pa_n+(n\ の整式)$
　　　　（p は定数で, $p \neq 1$）解説1　46
例題 9　　　解説2 ………………… 50
例題 9　　　解説3 ………………… 54
例題 10　漸化式 $a_{n+1}=pa_n+qr^n$
　　　　（p, q, r は定数）解説1 …… 56
例題 10　　解説2 ………………… 58
例題 10　　解説3 ………………… 62
例題 10　　解説4 ………………… 66
例題 11　漸化式 $a_{n+2}-pa_{n+1}+qa_n=0$
　　　　（p, q は定数）(1) ………… 68
例題 12　漸化式 $a_{n+2}-pa_{n+1}+qa_n=0$
　　　　（p, q は定数）(2) ………… 72
第2章　まとめ ……………………… 74

第3章　いろいろな漸化式 ……… 75
例題 13 ～例題 17 問題 ……………… 76
例題 13　和 S_n を含む漸化式 ……… 78
例題 14　漸化式 $a_{n+1}=\dfrac{pa_n}{ra_n+s}$ … 80
例題 15　漸化式 $a_{n+1}=ra_n^k\ (r>0)$ … 82
例題 16　2つの数列についての漸化式
　　　　解説1 ……………………… 84
例題 16　　解説2 ………………… 88
例題 17　漸化式 $a_{n+1}=\dfrac{pa_n+q}{ra_n+s}$
　　　　（p, q, r, s は定数）解説1 … 90
例題 17　　解説2 ………………… 92
（補足）グラフの平行移動により分子単
　　　　項型の漸化式を得る ……… 94
第3章　まとめ ……………………… 96

第4章　漸化式の活用 …………… 97
例題 18 ～例題 20 問題 ……………… 98
例題 18　漸化式を立てて解く問題
　　　　解説1 ……………………… 100
例題 18　　解説2 ………………… 102
例題 19　数学的帰納法と漸化式 … 104
例題 20　漸化式で定まる数列の極限 … 106
　　　　（数学Ⅲの内容含む）
（補足）漸化式を表す図と数列の極限
　　　　………………………………… 108
第4章　まとめ ……………………… 111

演習 1 ～演習 10 問題 ……………… 112
演習 1 ………………………………… 116
演習 2 ………………………………… 118
演習 3 ………………………………… 121
演習 4 ………………………………… 123
演習 5 ………………………………… 126
演習 6 ………………………………… 128
演習 7 ………………………………… 130
演習 8 ………………………………… 133
演習 9 ………………………………… 136
演習 10 （数学Ⅲの内容含む） …… 139

著者プロフィール ………………… 143

はじめに

　本書は数列の漸化式に関する基本事項を確認するための例題20題と，演習10題を中心に構成されています．

・**例題**について
　漸化式の基本事項は抽象的なものが多く，確実に理解するのは容易ではありません．かといって，基本事項を疎かにしていては数学の実力の向上は望めません．
　そこで，本書では一つ一つ丁寧に基本事項を学べるように，テーマごとに一つの例題を設け，さらに，その例題を題材にして基本事項を説明することで，読者の皆さんに各テーマにおける基本事項と重要事項を理解してもらえるように工夫しました．
　また，各テーマの繋がりもしっかり理解してもらうべく，章を4つに分けてそれぞれの章において，最初にその章で学ぶ内容を示し，最後にまとめを記しています．

・**演習**について
　例題をすべて学んだあとに取り組んでほしい問題を10題掲載しました．解答のページにはそれぞれの問題と関連がある例題も示してあります．

　　2015年6月

　　　　　　　　　　　　　　　　　　　　　　　　　　　　秦野 透

本書の使い方～例題と演習の構成について～

解説　それぞれの例題において，その例題の捉え方と例題を通じて学んでほしい事柄をまとめた欄です．単なる数式や用語の羅列ではなく，その例題に関するストーリーを読者の皆さんに伝えるように書かれていますので，この欄は最初から最後までじっくり読んでください．重要事項に関しては**太字**で記してあります．なお，解説に相当する内容が複数あるときは，**解説1**，**解説2**，…のように記しています．

（注）　**解説**に書いてある内容で，もう少し付け足しておきたい事柄が記されています．

▶解答◀　**例題**や**演習**の解答をまとめた欄です．**例題**において，解説に相当する内容が複数あるときは，**解説1**に対応する解答を▶**解答1**◀，**解説2**に対応する解答を▶**解答2**◀，…のように記しています．

（参考）　**例題**および**演習**に関して，▶**解答**◀を確認した後に読んでほしい事柄が記されています．問題を通じて新たな発見があるのも数学の醍醐味の一つですので，ぜひ目を通してください．

（注釈）　本書全体に対することわりが記されています．

（補足）　少し発展的な内容をコラムのようにまとめたものです．余裕があれば読んでみてください．

ポイント　**演習**の問題を解く際の着眼点が記されています．

本書を学ぶにあたって確認しておくべき事柄
〜本書を学ぶうえで前提となる数列に関する事柄をまとめています〜

● 数列とは

数を並べたものを**数列**といい，並べられたそれぞれの数を**項**という．数列は $a_1, a_2, a_3, \cdots, a_n, \cdots$ などと表され，a_1 を**初項**（第1項），a_2 を第2項，a_3 を第3項，$\cdots$，a_n を第 n 項という．また，第 n 項を n の式で表したものを**一般項**という．また，$a_1, a_2, a_3, \cdots, a_n, \cdots$ という数列を $\{a_n\}$ と記す．

● 等差数列

初項に次々に一定の数（**公差**という）を足して得られる数列を**等差数列**という．

● 等比数列

初項に次々に一定の数（**公比**という）を掛けて得られる数列を**等比数列**という．

● Σ 記号

数列 $\{a_n\}$ の第1項から第 n 項までの和を $\sum_{k=1}^{n} a_k$ と表す（$n = 1, 2, 3, \cdots$）．

$$\sum_{k=1}^{n} a_k = a_1 + a_2 + a_3 + \cdots + a_n.$$

次のことが成り立つ．

- $\sum_{k=1}^{n}(sa_k + tb_k) = s\sum_{k=1}^{n} a_k + t\sum_{k=1}^{n} b_k$ （s, t は k によらない定数）．
- $\sum_{k=1}^{n} c = cn$ （c は k によらない定数）．
- $\sum_{k=1}^{n} k = \dfrac{1}{2}n(n+1)$.
- $\sum_{k=1}^{n} k^2 = \dfrac{1}{6}n(n+1)(2n+1)$.
- $\sum_{k=1}^{n} k^3 = \left\{\dfrac{1}{2}n(n+1)\right\}^2$.

・初項 a, 公比 r ($r \neq 1$) の等比数列 $\{a_n\}$ において,
$$\sum_{k=1}^{n} a_k = \frac{a(1-r^n)}{1-r} = \frac{a(r^n-1)}{r-1}.$$

数学的帰納法

自然数 n に関する命題 $P(n)$ がすべての正の整数 n に対して成り立つことを示すには，次の［I］［II］を証明すればよい．

［I］$P(1)$ が成り立つ．

［II］$P(k)$ が成り立つと仮定すると，$P(k+1)$ も成り立つ（$k=1,2,3,\cdots$）．

このような証明法を**数学的帰納法**という．

※以下，数学Ⅲの内容となる．

数列の収束

数列 $\{a_n\}$ において，自然数 n が限りなく大きくなるとき，a_n が一定の値 α に限りなく近づくならば，

$$\text{数列 } \{a_n\} \text{ は } \alpha \text{ に 収束する}$$

といい，α を数列 $\{a_n\}$ の**極限値**という．数列 $\{a_n\}$ の極限値が α であることを

$$\lim_{n \to \infty} a_n = \alpha$$

と表す．

例えば，$\lim_{n \to \infty} k = k$，$-1 < r < 1$ を満たす定数 r に対して $\lim_{n \to \infty} kr^n = 0$（$k$ は定数）などが成り立つ．

不等式と数列の極限

ある正の整数 N があり，$n \geq N$ を満たすすべての正の整数 n に対して

$$a_n \leq b_n \leq c_n$$

が成り立ち，かつ，

$$\lim_{n \to \infty} a_n = \lim_{n \to \infty} c_n = \alpha \quad (\alpha \text{ は定数})$$

が成り立つとき，

$$\lim_{n \to \infty} b_n = \alpha.$$

● 平均値の定理

a, b を定数 $(a<b)$ とする．関数 $f(x)$ が $a \leq x \leq b$ で連続で $a<x<b$ で微分可能ならば，

$$\frac{f(b)-f(a)}{b-a}=f'(c) \quad かつ \quad a<c<b$$

を満たす c が存在する．

● 絶対値と極限

α を定数とする．数列 $\{a_n\}$ において，

$$\lim_{n \to \infty} |a_n - \alpha| = 0$$

ならば，

$$\lim_{n \to \infty} a_n = \alpha$$

である．

第1章
漸化式の基本

~第1章で学ぶ内容~

第1章では漸化式についての導入をした後，今後さまざまな漸化式を扱うために必要となる基本事項の確認を行う．

第1章では8題の例題を取り上げるが，それぞれの例題で学ぶテーマを以下に記す．

例題 1 ：漸化式とは
例題 2 ：漸化式から一般項を推測する
例題 3 ：等差数列を定める漸化式
例題 4 ：等比数列を定める漸化式
例題 5 ：階差数列を定める漸化式
例題 6 ：第 n 項と第 $(n+1)$ 項の関係であることを見抜く
例題 7 ：第 n 項と第 $(n+1)$ 項の関係をつくる
例題 8 ：漸化式 $a_{n+1}=pa_n+q$ （p, q は定数で，$p \neq 1$）

例題1，例題2では，漸化式とはどのような式であるのかを学ぶ．

例題3，例題4，例題5では，今後さまざまな漸化式を扱う際の土台となる3つの型の漸化式を学ぶ．

例題6，例題7では，今後さまざまな漸化式を扱う際に必要となる「漸化式の見方」を学ぶ．

例題8では，$a_{n+1}=pa_n+q$ （p, q は定数で，$p \neq 1$）という型の漸化式を学ぶ．この型の漸化式は今後さまざまな漸化式を扱う際の基本となる漸化式である．さらに，この型の漸化式から学べることは多く，例題8については4通りの解説を用意した．注意してほしいのは，解答1と解答2は全く同じ内容であるが，解説1と解説2でその同じ内容の解答に至るまでの考え方の違いを説明している点である．

第1章　漸化式の基本

例題 1

次のように定義される数列 $\{a_n\}$ がある．a_2, a_3, a_4 の値をそれぞれ求めよ．
$$a_1 = 2, \quad a_{n+1} = \frac{1+na_n}{na_n} \ (n=1, 2, 3, \cdots).$$

例題 2

次のように定義される数列 $\{a_n\}$ の一般項を求めよ．
$$a_1 = 2, \quad a_{n+1} = \frac{1+na_n}{na_n} \ (n=1, 2, 3, \cdots).$$

解説・解答は 14 ページから

例題 3

次のように定義される数列 $\{a_n\}$ の一般項を求めよ．

(1) $a_1 = -3$, $a_{n+1} = a_n + 2$ $(n = 1, 2, 3, \cdots)$.

(2) $a_1 = 1$, $a_{n+1} - a_n = -1$ $(n = 1, 2, 3, \cdots)$.

例題 4

次のように定義される数列 $\{a_n\}$ の一般項を求めよ．

(1) $a_1 = -1$, $a_{n+1} = 3a_n$ $(n = 1, 2, 3, \cdots)$.

(2) $a_1 = 2$, $a_{n+1} = a_n$ $(n = 1, 2, 3, \cdots)$.

第1章　漸化式の基本

例題 5

次のように定義される数列 $\{a_n\}$ の一般項を求めよ．
(1)　$a_1 = -2$, $a_{n+1} = a_n - 4n - 4$ $(n = 1, 2, 3, \cdots)$.
(2)　$a_1 = 1$, $a_{n+1} = a_n + 2 \cdot 5^n$ $(n = 1, 2, 3, \cdots)$.

例題 6

次のように定義される数列 $\{a_n\}$ の一般項を求めよ．
(1)　$a_1 = 1$, $a_{n+1} - 2 = 3(a_n - 2)$ $(n = 1, 2, 3, \cdots)$.
(2)　$a_1 = 1$, $a_{n+1} - 5^{n+1} = 3(a_n - 5^n)$ $(n = 1, 2, 3, \cdots)$.

解説・解答は 22 ページから

例題 7

次のように定義される数列 $\{a_n\}$ の一般項を求めよ．

(1) $a_1 = 2$, $a_{n+1} = \dfrac{n+1}{n} a_n$ $(n = 1, 2, 3, \cdots)$.

(2) $a_1 = 1$, $(n+2)a_{n+1} = na_n + \dfrac{1}{n+1}$ $(n = 1, 2, 3, \cdots)$.

例題 8

次のように定義される数列 $\{a_n\}$ の一般項を求めよ．
$$a_1 = 1, \quad a_{n+1} = 3a_n - 4 \ (n = 1, 2, 3, \cdots).$$

第1章 漸化式の基本

漸化式とは

例題 1

次のように定義される数列 $\{a_n\}$ がある．a_2, a_3, a_4 の値をそれぞれ求めよ．

$$a_1 = 2, \quad a_{n+1} = \frac{1+na_n}{na_n} \quad (n=1, 2, 3, \cdots).$$

解説

$a_{n+1} = \dfrac{1+na_n}{na_n}$ … （＊）において，

$n=1$ のとき，$a_{1+1} = \dfrac{1+1\cdot a_1}{1\cdot a_1}$, すなわち, $a_2 = \dfrac{1+a_1}{a_1}$ …①

となるので，a_1 の値から a_2 の値が求められることがわかり，

$n=2$ のとき，$a_{1+2} = \dfrac{1+2a_2}{2a_2}$, すなわち, $a_3 = \dfrac{1+2a_2}{2a_2}$ …②

となるので，a_2 の値から a_3 の値が求められることがわかり，

$n=3$ のとき，$a_{1+3} = \dfrac{1+3a_3}{3a_3}$, すなわち, $a_4 = \dfrac{1+3a_3}{3a_3}$ …③

となるので，a_3 の値から a_4 の値が求められることがわかる．

（＊）のように，数列において，**それぞれの項の値をそれ以前の項の値により定める規則を表した式を漸化式という**．（＊）から得られる①，②，③により，a_1 の値から，a_2 の値，a_3 の値，a_4 の値を求めることができる．

（注）「$a_{n+1} = \dfrac{1+na_n}{na_n}$ $(n=1, 2, 3, \cdots)$」は，$n=1$ のときも，$n=2$ のときも，$n=3$ のときも，…，$a_{n+1} = \dfrac{1+na_n}{na_n}$ が成り立つという意味である．
このことは「すべての正の整数 n に対して，$a_{n+1} = \dfrac{1+na_n}{na_n}$ が成り立つ」，あるいは，「任意の正の整数 n に対して，$a_{n+1} = \dfrac{1+na_n}{na_n}$ が成り立つ」と表現されることもある．

▶解答◀

$a_{n+1} = \dfrac{1+na_n}{na_n}$ において,$n=1$ のとき,

$$a_2 = \dfrac{1+a_1}{a_1}.$$

$a_1 = 2$ であるから,

$$a_2 = \dfrac{1+2}{1} = \dfrac{3}{2}.$$

$a_{n+1} = \dfrac{1+na_n}{na_n}$ において,$n=2$ のとき,

$$a_3 = \dfrac{1+2a_2}{2a_2}.$$

$a_2 = \dfrac{3}{2}$ であるから,

$$a_3 = \dfrac{1+2\cdot\dfrac{3}{2}}{2\cdot\dfrac{3}{2}} = \dfrac{4}{3}.$$

$a_{n+1} = \dfrac{1+na_n}{na_n}$ において,$n=3$ のとき,

$$a_4 = \dfrac{1+3a_3}{3a_3}.$$

$a_3 = \dfrac{4}{3}$ であるから,

$$a_4 = \dfrac{1+3\cdot\dfrac{4}{3}}{3\cdot\dfrac{4}{3}} = \dfrac{5}{4}.$$

漸化式から一般項を推測する

例題 2

次のように定義される数列 $\{a_n\}$ の一般項を求めよ．
$$a_1 = 2, \quad a_{n+1} = \frac{1+na_n}{na_n} \ (n=1, 2, 3, \cdots).$$

解説

$a_1 = 2$ であることから，漸化式を利用して a_2 の値，a_3 の値，a_4 の値をそれぞれ求めると，

$$a_2 = \frac{1+a_1}{a_1} \text{ より，} a_2 = \frac{3}{2},$$

$$a_3 = \frac{1+2a_2}{2a_2} \text{ より，} a_3 = \frac{4}{3},$$

$$a_4 = \frac{1+3a_3}{3a_3} \text{ より，} a_4 = \frac{5}{4}$$

となるので，

$$a_n = \frac{n+1}{n} \ (n=1, 2, 3, \cdots) \cdots (*)$$

と推測でき，$(*)$ が正しいことを証明されれば，数列 $\{a_n\}$ の一般項は $a_n = \frac{n+1}{n}$ であるといえる．

このように，「一般項が推測できるときは，その推測が正しいことを証明する」というのも数列の一般項を求める方法の一つである．

そして，漸化式により定まる数列に関する命題が真であることを証明するときは，「それぞれの項の値をそれ以前の項の値により定める規則を表した式」という漸化式の特徴を活用するために，数学的帰納法を利用するのが効果的である場合が多い．$(*)$ が正しいことも数学的帰納法により証明することができる．

▶解答◀

すべての正の整数 n に対して，$a_n = \dfrac{n+1}{n}$ …($*$) が成り立つことを，数学的帰納法により証明する．

(証明)

[Ⅰ] $n=1$ のとき，$a_1 = 2$ より
$$((*)\text{の左辺}) = a_1 = 2$$

であり，
$$((*)\text{の右辺}) = \frac{1+1}{1} = 2$$

であるから，($*$) は成り立つ．

[Ⅱ] k を正の整数とする．$n=k$ のとき ($*$) が成り立つ，すなわち，
$$a_k = \frac{k+1}{k} \cdots (**)$$

であると仮定する．$a_{n+1} = \dfrac{1+na_n}{na_n}$ $(n=1, 2, 3, \cdots)$ と ($**$) より，

$$a_{k+1} = \frac{1+ka_k}{ka_k}$$
$$= \frac{1+k \cdot \dfrac{k+1}{k}}{k \cdot \dfrac{k+1}{k}}$$
$$= \frac{1+(k+1)}{k+1}$$
$$= \frac{(k+1)+1}{k+1}$$

であるから，$n=k+1$ のときも ($*$) は成り立つ．

[Ⅰ], [Ⅱ] より，すべての正の整数 n に対して，($*$) は成り立つ．(証明終)

以上のことから，$a_n = \dfrac{n+1}{n}$ $(n=1, 2, 3, \cdots)$．

等差数列を定める漸化式

> **例題 3**
>
> 次のように定義される数列 $\{a_n\}$ の一般項を求めよ．
> (1)　$a_1 = -3$, $a_{n+1} = a_n + 2$ $(n = 1, 2, 3, \cdots)$.
> (2)　$a_1 = 1$, $a_{n+1} - a_n = -1$ $(n = 1, 2, 3, \cdots)$.

解説

d を定数とするとき，$a_{n+1} = a_n + d$ $(n = 1, 2, 3, \cdots)$ により定まる数列 $\{a_n\}$ は，前の項に定数 d を足すと次の項が得られる数列，すなわち，

$$\text{公差が } d \text{ である等差数列}$$

である．実際に，$a_{n+1} = a_n + d$ に $n = 1$, $n = 2$, $n = 3$, $\cdots$ を代入すると，

$$a_2 = a_1 + d,$$
$$a_3 = a_2 + d,$$
$$a_4 = a_3 + d,$$
$$\vdots$$

であるから，次のようなイメージが湧くであろう．

$$\{a_n\}: a_1 \underset{+d}{\to} a_2 \underset{+d}{\to} a_3 \underset{+d}{\to} \cdots \underset{+d}{\to} a_{n-1} \underset{+d}{\to} a_n \underset{+d}{\to} a_{n+1} \underset{+d}{\to} \cdots$$

$$\underbrace{\phantom{a_1 \to a_2 \to a_3 \to \cdots \to a_{n-1} \to a_n}}_{d \text{ が } (n-1) \text{ 個ある}}$$

以上のことと，**公差が d である等差数列 $\{a_n\}$ において，**

$$a_n = a_1 + (n-1)d \ (n = 1, 2, 3, \cdots)$$

となることから，$a_{n+1} = a_n + d$ $(n = 1, 2, 3, \cdots)$ により定まる数列 $\{a_n\}$ の一般項を求めることができる．

なお，$a_{n+1} = a_n + d$ の右辺の a_n を左辺に移項すると，$a_{n+1} - a_n = d$ となるので，$a_{n+1} - a_n = d$ $(n = 1, 2, 3, \cdots)$ により定まる数列 $\{a_n\}$ も，公差が d である等差数列である．

――▶解答◀――

(1) $a_1 = -3$, $a_{n+1} = a_n + 2$ ($n = 1, 2, 3, \cdots$) より，数列 $\{a_n\}$ は

初項が -3，公差が 2 である等差数列

なので，
$$a_n = -3 + (n-1) \cdot 2 \ (n = 1, 2, 3, \cdots)$$

すなわち，
$$a_n = \boldsymbol{2n - 5} \ (n = 1, 2, 3, \cdots).$$

(2) $a_1 = 1$, $a_{n+1} - a_n = -1$ ($n = 1, 2, 3, \cdots$) より，数列 $\{a_n\}$ は

初項が 1，公差が -1 である等差数列

なので，
$$a_n = 1 + (n-1) \cdot (-1) \ (n = 1, 2, 3, \cdots)$$

すなわち，
$$a_n = \boldsymbol{-n + 2} \ (n = 1, 2, 3, \cdots).$$

(**注釈**) 以後，本書では，$a_{n+1} = a_n + d$ ($n = 1, 2, 3, \cdots$) という漸化式（ただし，d は定数）を「等差型」の漸化式と呼ぶことにする．

等比数列を定める漸化式

例題 4

次のように定義される数列 $\{a_n\}$ の一般項を求めよ．
(1) $a_1 = -1$, $a_{n+1} = 3a_n$ $(n = 1, 2, 3, \cdots)$.
(2) $a_1 = 2$, $a_{n+1} = a_n$ $(n = 1, 2, 3, \cdots)$.

解説

r を定数とするとき，$a_{n+1} = ra_n (n = 1, 2, 3, \cdots)$ により定まる数列 $\{a_n\}$ は，前の項に定数 r を掛けると次の項が得られる数列，すなわち，

公比が r である等比数列

である．実際に，$a_{n+1} = ra_n$ に $n = 1$, $n = 2$, $n = 3$, $\cdots$ を代入すると，

$$a_2 = ra_1,$$
$$a_3 = ra_2,$$
$$a_4 = ra_3,$$
$$\vdots$$

であるから，次のようなイメージが湧くであろう．

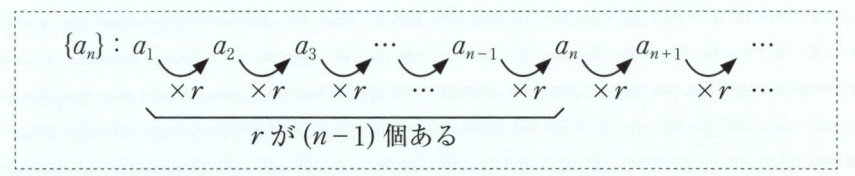

$$\{a_n\}: \underbrace{a_1 \xrightarrow{\times r} a_2 \xrightarrow{\times r} a_3 \xrightarrow{\times r} \cdots \xrightarrow{\times r} a_{n-1} \xrightarrow{\times r} a_n}_{r \text{ が }(n-1)\text{ 個ある}} \xrightarrow{\times r} a_{n+1} \xrightarrow{\times r} \cdots$$

以上のことと，**公比が r である等比数列 $\{a_n\}$ において，**

$$a_n = a_1 r^{n-1} (n = 1, 2, 3, \cdots)$$

となることから，$a_{n+1} = ra_n (n = 1, 2, 3, \cdots)$ により定まる数列 $\{a_n\}$ の一般項を求めることができる．

例題 4

▶解答◀

(1) $a_1 = -1$, $a_{n+1} = 3a_n$ ($n=1, 2, 3, \cdots$) より，数列 $\{a_n\}$ は

初項が -1，公比が 3 である等比数列

なので，
$$a_n = -1 \cdot 3^{n-1} \ (n=1, 2, 3, \cdots)$$
すなわち，
$$a_n = -3^{n-1} \ (n=1, 2, 3, \cdots).$$

(2) $a_1 = 2$, $a_{n+1} = a_n$ ($n=1, 2, 3, \cdots$) より，数列 $\{a_n\}$ は

初項が 2，公比が 1 である等比数列

なので，
$$a_n = 2 \cdot 1^{n-1} \ (n=1, 2, 3, \cdots).$$
このことと，$1^{n-1} = 1$ であることから，
$$a_n = 2 \ (n=1, 2, 3, \cdots).$$

(参考) $a_{n+1} = a_n$ ($n=1, 2, 3, \cdots$) は，等差型の漸化式でもあるから，(2) は次のように解くこともできる．

【(2) の別解】

$a_1 = 2$, $a_{n+1} = a_n$ ($n=1, 2, 3, \cdots$) より，数列 $\{a_n\}$ は，

初項が 2，公差が 0 である等差数列

なので，
$$a_n = 2 + (n-1) \cdot 0 \ (n=1, 2, 3, \cdots)$$
すなわち，
$$a_n = 2 \ (n=1, 2, 3, \cdots).$$

【(2) の別解おわり】

以上のことからもわかるように，$a_{n+1} = a_n$ ($n=1, 2, 3, \cdots$) により定まる数列 $\{a_n\}$ は，すべての項が等しい数列である．なお，「すべての項が等しい数列」を「定数列」または「定数数列」という．

(注釈) 以後，本書では，$a_{n+1} = ra_n$ ($n=1, 2, 3, \cdots$) という漸化式（ただし，r は定数）を「等比型」の漸化式と呼ぶことにする．

階差数列を定める漸化式

例題 5

次のように定義される数列 $\{a_n\}$ の一般項を求めよ．
(1) $a_1 = -2$, $a_{n+1} = a_n - 4n - 4$ $(n = 1, 2, 3, \cdots)$.
(2) $a_1 = 1$, $a_{n+1} = a_n + 2 \cdot 5^n$ $(n = 1, 2, 3, \cdots)$.

解説

数列 $\{a_n\}$ に対して，$b_n = a_{n+1} - a_n$ $(n = 1, 2, 3, \cdots)$ …（＊）により定まる数列 $\{b_n\}$ を，数列 $\{a_n\}$ の階差数列という．

（＊）に $n = 1$, $n = 2$, $n = 3$, …を代入すると，
$$b_1 = a_2 - a_1,$$
$$b_2 = a_3 - a_2,$$
$$b_3 = a_4 - a_3,$$
$$\vdots$$

であるから，次のようなイメージが湧くであろう．

$$
\begin{array}{l}
\{a_n\}: a_1 \quad a_2 \quad a_3 \quad \cdots \quad a_{n-1} \quad a_n \quad a_{n+1} \quad \cdots \\
\{b_n\}: \quad +b_1 \; +b_2 \; +b_3 \; \cdots \; +b_{n-1} \; +b_n \; +b_{n+1} \; \cdots
\end{array}
$$
数列 $\{b_n\}$ の項が $(n-1)$ 個ある

ゆえに，n についての式 $f(n)$ があり，$a_{n+1} = a_n + f(n)$ $(n = 1, 2, 3, \cdots)$ により数列 $\{a_n\}$ が定まるとき，数列 $\{a_n\}$ の階差数列を $\{b_n\}$ とすると，
$$b_n = f(n) \ (n = 1, 2, 3, \cdots)$$
である．

以上のことと，数列 $\{a_n\}$ の階差数列を $\{b_n\}$ とすると，$n \geq 2$ のとき，
$$a_n = a_1 + \sum_{k=1}^{n-1} b_k$$

となることから，$a_{n+1} = a_n + f(n)$ $(n = 1, 2, 3, \cdots)$ により定まる数列 $\{a_n\}$ の一般項を求めることができる．

▶解答◀

(1) $a_{n+1} = a_n - 4n - 4$ $(n=1, 2, 3, \cdots)$ より，数列 $\{a_n\}$ の階差数列を $\{b_n\}$ とすると，$b_n = -4n - 4$ $(n=1, 2, 3, \cdots)$ である．

このことと $a_1 = -2$ $\cdots$ ① であることから，$n \geq 2$ のとき，

$$a_n = -2 + \sum_{k=1}^{n-1}(-4k-4)$$
$$= -2 - 4 \cdot \frac{1}{2}(n-1)\{(n-1)+1\} - 4(n-1)$$
$$= -2n^2 - 2n + 2.$$

①より，$a_n = -2n^2 - 2n + 2$ は $n=1$ のときも成り立つ．

したがって，$a_n = \boldsymbol{-2n^2 - 2n + 2}$ $(n=1, 2, 3, \cdots)$．

(2) $a_{n+1} = a_n + 2 \cdot 5^n$ $(n=1, 2, 3, \cdots)$ より，数列 $\{a_n\}$ の階差数列を $\{b_n\}$ とすると，$b_n = 2 \cdot 5^n$ $(n=1, 2, 3, \cdots)$ である．

このことと $a_1 = 1$ $\cdots$ ② であることから，$n \geq 2$ のとき，

$$a_n = 1 + \sum_{k=1}^{n-1} 2 \cdot 5^k$$
$$= 1 + \frac{10 \cdot (5^{n-1} - 1)}{5 - 1}$$
$$= \frac{5^n - 3}{2}.$$

②より，$a_n = \dfrac{5^n - 3}{2}$ は $n=1$ のときも成り立つ．

したがって，$a_n = \boldsymbol{\dfrac{5^n - 3}{2}}$ $(n=1, 2, 3, \cdots)$．

(注釈) 以後，本書では，$a_{n+1} = a_n + f(n)$ $(n=1, 2, 3, \cdots)$ という漸化式を「階差型」の漸化式と呼ぶことにする．なお，$a_{n+1} - a_n = f(n)$ $(n=1, 2, 3, \cdots)$ という漸化式も「階差型」の漸化式である．

第 n 項と第 $(n+1)$ 項の関係であることを見抜く

例題 6

次のように定義される数列 $\{a_n\}$ の一般項を求めよ．

(1)　$a_1 = 1$, $a_{n+1} - 2 = 3(a_n - 2)$ $(n = 1, 2, 3, \cdots)$.

(2)　$a_1 = 1$, $a_{n+1} - 5^{n+1} = 3(a_n - 5^n)$ $(n = 1, 2, 3, \cdots)$.

解説

数列 $\{a_n\}$ を定める漸化式において，

　　　第 n 項と第 $(n+1)$ 項の関係になっている部分がある，

すなわち，

　　　ある部分を b_n とおいたときに，b_{n+1} になる部分がある

ときは，その漸化式を数列 $\{b_n\}$ についての漸化式と見ることで，その漸化式により定められる数列 $\{a_n\}$ の一般項が求められることがある．

例えば，(1)においては，$b_n = a_n - 2$ とおくと，$b_{n+1} = a_{n+1} - 2$ となるので，$a_n - 2$ と $a_{n+1} - 2$ は第 n 項と第 $(n+1)$ 項の関係になっている．

ゆえに，(1)の漸化式から，数列 $\{a_n - 2\}$ は公比が 3 である等比数列であることがわかり，このことから，数列 $\{a_n\}$ の一般項を求めることができる．

実際に，$a_{n+1} - 2 = 3(a_n - 2)$ に $n = 1$, $n = 2$, $n = 3$, $\cdots$ を代入すると，次のようなイメージが湧くであろう．

$$\{a_n - 2\}: a_1 - 2 \xrightarrow{\times 3} a_2 - 2 \xrightarrow{\times 3} a_3 - 2 \xrightarrow{\times 3} \cdots \xrightarrow{\times 3} a_{n-1} - 2 \xrightarrow{\times 3} a_n - 2 \xrightarrow{\times 3} a_{n+1} - 2 \xrightarrow{\times 3} \cdots$$

(2)においては，$b_n = a_n - 5^n$ とおくと，$b_{n+1} = a_{n+1} - 5^{n+1}$ となるので，$a_n - 5^n$ と $a_{n+1} - 5^{n+1}$ は第 n 項と第 $(n+1)$ 項の関係になっている．

ゆえに，(2)の漸化式から，数列 $\{a_n - 5^n\}$ は公比が 3 である等比数列であることがわかり，このことから，数列 $\{a_n\}$ の一般項を求めることができる．

実際に, $a_{n+1}-5^{n+1}=3(a_n-5^n)$ に $n=1$, $n=2$, $n=3$, … を代入すると, 次のようなイメージが湧くであろう.

$\{a_n-5^n\}: a_1-5^1 \underset{\times 3}{\longrightarrow} a_2-5^2 \underset{\times 3}{\longrightarrow} a_3-5^3 \underset{\times 3}{\longrightarrow} \cdots \underset{\cdots}{\longrightarrow} a_{n-1}-5^{n-1} \underset{\times 3}{\longrightarrow} a_n-5^n \underset{\times 3}{\longrightarrow} a_{n+1}-5^{n+1} \underset{\times 3}{\longrightarrow} \cdots$

(注) b_{n+1} は b_n の n と記されている箇所をすべて $n+1$ に変えたものである.

―▶解答◀―

(1) $a_{n+1}-2=3(a_n-2)$ $(n=1, 2, 3, \cdots)$ より,
$$\text{数列 } \{a_n-2\} \text{ は公比が 3 である等比数列}$$
である. また, $a_1=1$ より, 数列 $\{a_n-2\}$ の初項は
$$a_1-2=1-2$$
$$=-1.$$
よって, 数列 $\{a_n-2\}$ は初項が -1, 公比が 3 である等比数列なので,
$$a_n-2=-1\cdot 3^{n-1} \ (n=1, 2, 3, \cdots).$$
したがって, $a_n = \boldsymbol{-3^{n-1}+2}$ $(n=1, 2, 3, \cdots)$.

(2) $a_{n+1}-5^{n+1}=3(a_n-5^n)$ $(n=1, 2, 3, \cdots)$ より,
$$\text{数列 } \{a_n-5^n\} \text{ は公比が 3 である等比数列}$$
である. また, $a_1=1$ より, 数列 $\{a_n-5^n\}$ の初項は
$$a_1-5^1=1-5$$
$$=-4.$$
よって, 数列 $\{a_n-5^n\}$ は初項が -4, 公比が 3 である等比数列なので,
$$a_n-5^n=-4\cdot 3^{n-1} \ (n=1, 2, 3, \cdots).$$
したがって, $a_n = \boldsymbol{-4\cdot 3^{n-1}+5^n}$ $(n=1, 2, 3, \cdots)$.

第 n 項と第 $(n+1)$ 項の関係をつくる

例題 7

次のように定義される数列 $\{a_n\}$ の一般項を求めよ．

(1) $a_1 = 2$, $a_{n+1} = \dfrac{n+1}{n} a_n$ $(n = 1, 2, 3, \cdots)$.

(2) $a_1 = 1$, $(n+2)a_{n+1} = na_n + \dfrac{1}{n+1}$ $(n = 1, 2, 3, \cdots)$.

解説

等差型・等比型・階差型のような既知のタイプではない漸化式でも，

　　　　第 n 項と第 $(n+1)$ 項の関係となる部分をつくる

ことで，既知のタイプの漸化式が得られ，その漸化式により定められる数列の一般項が求められることがある．

(1)においては，$a_{n+1} = \dfrac{n+1}{n} a_n$ の両辺を $n+1$ で割ることで，(1)の漸化式は既知のタイプとなる．

(2)においては，$(n+2)a_{n+1} = na_n + \dfrac{1}{n+1}$ の両辺に $n+1$ を掛けることで，(2)の漸化式は既知のタイプとなる．$(n+2)a_{n+1} = na_n + \dfrac{1}{n+1}$ において，$b_n = n$ とおくと，$b_{n+2}\, a_{n+1} = b_n a_n + \dfrac{1}{n+1}$ …(∗) となるので，(∗) の両辺に b_{n+1} を掛けて $b_{n+2}\, b_{n+1} a_{n+1} = b_{n+1} b_n a_n + 1$ とすれば，右辺の $b_{n+1} b_n a_n$ を第 n 項とみたときに左辺が第 $(n+1)$ 項となり，かつ，等差型の漸化式が得られるというのが，(2)の漸化式を変形する際の着眼点である．

▶解答◀

(1) $a_{n+1} = \dfrac{n+1}{n} a_n \ (n=1, 2, 3, \cdots)$ より,

$$\dfrac{a_{n+1}}{n+1} = \dfrac{a_n}{n} \ (n=1, 2, 3, \cdots)$$

であるから，数列 $\left\{\dfrac{a_n}{n}\right\}$ は定数列である．また，$a_1 = 2$ より，数列 $\left\{\dfrac{a_n}{n}\right\}$ の初項は

$$\dfrac{a_1}{1} = \dfrac{2}{1}$$
$$= 2.$$

よって，数列 $\left\{\dfrac{a_n}{n}\right\}$ は初項が 2 である定数列なので，

$$\dfrac{a_n}{n} = 2 \ (n=1, 2, 3, \cdots).$$

したがって，$a_n = \boldsymbol{2n} \ (n=1, 2, 3, \cdots)$.

(2) $(n+2)a_{n+1} = na_n + \dfrac{1}{n+1} \ (n=1, 2, 3, \cdots)$ より,

$$(n+2)(n+1)a_{n+1} = (n+1)na_n + 1 \ (n=1, 2, 3, \cdots)$$

であるから，数列 $\{(n+1)na_n\}$ は

公差が 1 である等差数列

である．また，$a_1 = 1$ より，数列 $\{(n+1)na_n\}$ の初項は

$$(1+1) \cdot 1 \cdot a_1 = 2 \cdot 1 \cdot 1$$
$$= 2.$$

よって，数列 $\{(n+1)na_n\}$ は初項が 2，公差が 1 である等差数列なので，

$$(n+1)na_n = 2 + (n-1) \cdot 1 \ (n=1, 2, 3, \cdots)$$

すなわち，

$$(n+1)na_n = n+1 \ (n=1, 2, 3, \cdots).$$

したがって，$a_n = \dfrac{1}{n} \ (n=1, 2, 3, \cdots)$.

漸化式 $a_{n+1}=pa_n+q$（p, q は定数で，$p \neq 1$）

> **例題 8**
>
> 次のように定義される数列 $\{a_n\}$ の一般項を求めよ．
> $$a_1=1, \quad a_{n+1}=3a_n-4 \quad (n=1, 2, 3, \cdots).$$

● **解説1：等比型の漸化式をつくるために定数項に着目する**

$a_{n+1}=3a_n-4$ …① を変形すると，
$$a_{n+1}=3a_n-6+2$$
すなわち，
$$a_{n+1}-2=3a_n-6 \quad \cdots ②$$
となることから，
$$a_{n+1}-2=3(a_n-2) \quad \cdots ③$$
と①を変形できることがわかる．③は等比型の漸化式であるから，この変形により数列 $\{a_n\}$ の一般項を求めることができる．

①から③への変形は，等比型の漸化式を得ることを目的として，第 n 項と第 $(n+1)$ 項の関係となる部分をつくるような変形を試みた結果であり，①の右辺の定数項である -4 を②のようにうまく両辺に分けて③を得ることがこの変形の着眼点である．

また，①の右辺の -4 をどのように両辺に分ければ③のような等比型の漸化式が得られるかがわからない場合は，③に相当する式を最初につくっておき，その式を①に相当する形になるように変形して，その変形した式と①を比較するのも有効な手段である．すなわち，
$$a_{n+1}=3a_n-4 \quad \cdots ①$$
を変形すると，
$$a_{n+1}-\alpha=3(a_n-\alpha) \quad \cdots ③' \quad (\alpha \text{ は定数})$$
となると仮定する．③′を変形すると，
$$a_{n+1}-\alpha=3a_n-3\alpha \quad \cdots ②'$$
となることから，②′より，

$$a_{n+1} = 3a_n + \alpha - 3\alpha$$

すなわち,

$$a_{n+1} = 3a_n - 2\alpha \quad \cdots \text{①}'$$

と③′を変形できることがわかる．①′の右辺と①の右辺を比較すると,

$$-2\alpha = -4$$

すなわち,

$$\alpha = 2$$

ならば，③′が①を変形して得られる式になることがわかる．

▶ **解答 1** ◀

$a_{n+1} = 3a_n - 4 \ (n = 1, 2, 3, \cdots)$ より,

$$a_{n+1} - 2 = 3(a_n - 2) \ (n = 1, 2, 3, \cdots)$$

であるから,

数列 $\{a_n - 2\}$ は公比が 3 である等比数列

である．また，$a_1 = 1$ より，数列 $\{a_n - 2\}$ の初項は

$$a_1 - 2 = 1 - 2$$
$$= -1.$$

よって，数列 $\{a_n - 2\}$ は初項が -1，公比が 3 である等比数列なので,

$$a_n - 2 = -1 \cdot 3^{n-1} \ (n = 1, 2, 3, \cdots).$$

したがって，$a_n = -3^{n-1} + 2 \ (n = 1, 2, 3, \cdots).$

次ページに（参考）があります

(参考) p, q を定数とし，$p \neq 1$ とする．このとき，$a_{n+1} = pa_n + q$ ($n=1, 2, 3, \cdots$) により定まる数列 $\{a_n\}$ の一般項を求める過程をまとめると次のようになる．

$a_{n+1} = pa_n + q$ $\cdots(*)$ を変形すると，
$$a_{n+1} - \alpha = p(a_n - \alpha) \quad \cdots(**) \quad (\alpha \text{ は定数})$$
となると仮定する．$(**)$ を変形すると，
$$a_{n+1} - \alpha = pa_n - p\alpha$$
すなわち，
$$a_{n+1} = pa_n + \alpha - p\alpha \quad \cdots(*)'$$
となる．そして，$(*)'$ の右辺と $(*)$ の右辺を比較すると，
$$\alpha - p\alpha = q \quad \cdots(***)$$
となる．

$p \neq 1$ より，$\alpha - p\alpha = q$ を満たす α の値は $\alpha = \dfrac{q}{1-p}$ となるので，この $\alpha - p\alpha = q$ を満たす α の値を $(**)$ に代入することで，$(*)$ を等比型の漸化式に変形できることがわかる．以上のようにして，$(*)$ を等比型の漸化式に変形することにより，数列 $\{a_n\}$ の一般項を求めることができる．

(注釈) $(***)$ を得る方法としては，$(*)'$ の右辺と $(*)$ の右辺を比較するという方法以外にも，$(*) - (**)$ より，
$$\alpha = p\alpha + q$$
を導き，$(***)$ を得るという方法もある．このことを踏まえて，以後，本書では，$(*)$ を等比型の漸化式に変形する方法を，「$\alpha = p\alpha + q$ を満たす α の値を $(**)$ に代入する」という旨で記すことにする．

Memo

例題 8

次のように定義される数列 $\{a_n\}$ の一般項を求めよ．
$$a_1 = 1, \quad a_{n+1} = 3a_n - 4 \ (n = 1, 2, 3, \cdots).$$

解説 2：漸化式を満たす数列を 1 つ見つけることで等比型の漸化式をつくる

$a_{n+1} = 3a_n - 4 \ (n = 1, 2, 3, \cdots)$ $\cdots$（*）により定まる数列 $\{a_n\}$ が 1 つ見つかったとし，その数列を $\{b_n\}$ とする．

数列 $\{b_n\}$ は
$$a_{n+1} = 3a_n - 4 \quad \cdots \text{①} \ (n = 1, 2, 3, \cdots)$$
により定まる数列 $\{a_n\}$ のうちの 1 つであるから，
$$b_{n+1} = 3b_n - 4 \quad \cdots \text{②} \ (n = 1, 2, 3, \cdots)$$
が成り立つ．

①－②により，
$$a_{n+1} - b_{n+1} = 3(a_n - b_n) \ (n = 1, 2, 3, \cdots) \quad \cdots \text{③}$$
となり，これは等比型の漸化式である．

したがって，（*）により定まる数列 $\{a_n\}$ を 1 つ見つけることができれば，③のような等比型の漸化式を得ることができることがわかる．

そして，$a_{n+1} = 3a_n - 4$ の右辺の -4 が定数であることから，（*）により定まる数列 $\{a_n\}$ のうちの 1 つに定数列があると推測できるので，その定数列があるか否かを次のようにして調べてみることにする．

$b_n = \alpha \ (n = 1, 2, 3, \cdots)$（$\alpha$ は定数）である定数列 $\{b_n\}$ が②を満たす，すなわち，（*）により定まる数列 $\{a_n\}$ のうちの 1 つであるとすると，
$$\alpha = 3\alpha - 4 \quad \cdots \text{②}' \ (n = 1, 2, 3, \cdots).$$

②$'$ を解くと $\alpha = 2$ となるので，$b_n = 2 \ (n = 1, 2, 3, \cdots)$ である定数列 $\{b_n\}$ は（*）により定まる数列 $\{a_n\}$ のうちの 1 つであることがわかる．

以上のことをまとめると，（*）により定まる数列 $\{a_n\}$ のうち，定数列であるものが②$'$ により求まれば，①－②$'$ により，
$$a_{n+1} - \alpha = 3(a_n - \alpha) \ (n = 1, 2, 3, \cdots) \quad \cdots \text{③}'$$
という等比型の漸化式を得ることができることがわかり，②$'$ より $\alpha = 2$ であるから，③$'$ は

$$a_{n+1} - 2 = 3(a_n - 2) \ (n = 1, 2, 3, \cdots)$$

となるので，これにより，数列 $\{a_n\}$ の一般項を求めることができる．

— ▶ 解答 2 ◀ —

$a_{n+1} = 3a_n - 4 \ (n = 1, 2, 3, \cdots)$ より，
$$a_{n+1} - 2 = 3(a_n - 2) \ (n = 1, 2, 3, \cdots)$$
であるから，

数列 $\{a_n - 2\}$ は公比が 3 である等比数列

である．また，$a_1 = 1$ より，数列 $\{a_n - 2\}$ の初項は
$$a_1 - 2 = 1 - 2$$
$$= -1.$$
よって，数列 $\{a_n - 2\}$ は初項が -1，公比が 3 である等比数列なので，
$$a_n - 2 = -1 \cdot 3^{n-1} \ (n = 1, 2, 3, \cdots).$$
したがって，$a_n = -3^{n-1} + 2 \ (n = 1, 2, 3, \cdots)$.

(参考) p, q を定数とし，$p \neq 1$ とする．このとき，$a_{n+1} = pa_n + q \ (n = 1, 2, 3, \cdots)$ により定まる数列 $\{a_n\}$ を 1 つ見つけるという方針のもとで，数列 $\{a_n\}$ の一般項を求める過程をまとめると次のようになる．

$a_{n+1} = pa_n + q \ \cdots (*) \ (n = 1, 2, 3, \cdots)$ により定まる数列 $\{a_n\}$ のうち，定数列であるものを見つけるため，α についての方程式
$$\alpha = p\alpha + q$$
を解く．そして，$p \neq 1$ であることから，$\alpha = p\alpha + q$ を解くと $\alpha = \dfrac{q}{1-p}$ となるので，$a_{n+1} = pa_n + q \ (n = 1, 2, 3, \cdots)$ により定まる数列 $\{a_n\}$ のうち，定数列であるものは $b_n = \dfrac{q}{1-p} \ (n = 1, 2, 3, \cdots)$ である数列 $\{b_n\}$ であることがわかる．以下，$\alpha = \dfrac{q}{1-p}$ であることを踏まえると，
$$a_{n+1} = pa_n + q,$$
$$\alpha = p\alpha + q$$
の両辺を引くことで，
$$a_{n+1} - \alpha = p(a_n - \alpha) \ (n = 1, 2, 3, \cdots)$$
という等比型の漸化式が得られる．以上のようにして，$(*)$ を等比型の漸化式に変形することにより，数列 $\{a_n\}$ の一般項を求めることができる．

例題 8

次のように定義される数列 $\{a_n\}$ の一般項を求めよ．
$$a_1 = 1, \quad a_{n+1} = 3a_n - 4 \ (n = 1, 2, 3, \cdots).$$

解説3：漸化式の n を $n+1$ に変えた式ともとの漸化式の差をとる

$a_{n+1} = 3a_n - 4$ $\cdots(*)$ に $n=1,\ n=2,\ n=3,\ n=4,\ \cdots$ を代入すると，
$$a_2 = 3a_1 - 4 \quad \cdots ①,$$
$$a_3 = 3a_2 - 4 \quad \cdots ②,$$
$$a_4 = 3a_3 - 4 \quad \cdots ③,$$
$$a_5 = 3a_4 - 4 \quad \cdots ④$$
$$\vdots$$

であり，②−①，③−②，④−③，$\cdots$ により，
$$a_3 - a_2 = 3(a_2 - a_1),$$
$$a_4 - a_3 = 3(a_3 - a_2),$$
$$a_5 - a_4 = 3(a_4 - a_3),$$
$$\vdots$$

となる．すなわち，$(*)$ の n と記されている箇所をすべて $n+1$ に変えて得られる式である
$$a_{n+2} = 3a_{n+1} - 4 \quad \cdots(**) \ (n=1, 2, 3, \cdots)$$
と，もとの漸化式である
$$a_{n+1} = 3a_n - 4 \quad \cdots(*) \ (n=1, 2, 3, \cdots)$$
において，$(**)-(*)$ により，
$$a_{n+2} - a_{n+1} = 3(a_{n+1} - a_n) \ (n=1, 2, 3, \cdots)$$
という等比型の漸化式が得られ，数列 $\{a_{n+1} - a_n\}$ の一般項を求めることができる．

そして，数列 $\{a_{n+1} - a_n\}$ の一般項と $(*)$ から，数列 $\{a_n\}$ の一般項を求めることができる．

▶ **解答 3** ◀

$a_{n+1} = 3a_n - 4$ …（＊）$(n = 1, 2, 3, \cdots)$ より，
$$a_{n+2} = 3a_{n+1} - 4 \quad \cdots(\text{＊＊}) \quad (n = 1, 2, 3, \cdots).$$
（＊＊）－（＊）により，
$$a_{n+2} - a_{n+1} = 3(a_{n+1} - a_n) \quad (n = 1, 2, 3, \cdots)$$
であるから，
数列 $\{a_{n+1} - a_n\}$ は公比が 3 である等比数列
である．また，$a_1 = 1$ と $a_{n+1} = 3a_n - 4$ $(n = 1, 2, 3, \cdots)$ より，
$$\begin{aligned} a_2 &= 3a_1 - 4 \\ &= 3 \cdot 1 - 4 \\ &= -1 \end{aligned}$$
であるから，数列 $\{a_{n+1} - a_n\}$ の初項は
$$\begin{aligned} a_2 - a_1 &= -1 - 1 \\ &= -2. \end{aligned}$$
よって，数列 $\{a_{n+1} - a_n\}$ は初項が -2，公比が 3 である等比数列なので，
$$a_{n+1} - a_n = -2 \cdot 3^{n-1} \quad \cdots(\text{＊＊＊}) \quad (n = 1, 2, 3, \cdots).$$
（＊）－（＊＊＊）により，
$$a_n = 3a_n - 4 + 2 \cdot 3^{n-1} \quad (n = 1, 2, 3, \cdots).$$
したがって，$a_n = -3^{n-1} + 2$ $(n = 1, 2, 3, \cdots)$．

(参考) （＊＊＊）により，数列 $\{a_n\}$ の階差数列を $\{b_n\}$ とすると，
$$b_n = -2 \cdot 3^{n-1} \quad (n = 1, 2, 3, \cdots)$$
である．このことと $a_1 = 1$ …① であることから，$n \geqq 2$ のとき，
$$\begin{aligned} a_n &= 1 + \sum_{k=1}^{n-1} (-2 \cdot 3^{k-1}) \\ &= 1 + \frac{-2 \cdot (3^{n-1} - 1)}{3 - 1} \\ &= -3^{n-1} + 2. \end{aligned}$$

① より，$a_n = -3^{n-1} + 2$ は $n = 1$ のときも成り立つ．

したがって，$a_n = -3^{n-1} + 2$ $(n = 1, 2, 3, \cdots)$ となる．

このように，（＊＊＊）が階差型の漸化式であることに着目して，数列 $\{a_n\}$ の一般項を求めることもできる．

例題 8

次のように定義される数列 $\{a_n\}$ の一般項を求めよ．
$$a_1 = 1, \quad a_{n+1} = 3a_n - 4 \ (n=1, 2, 3, \cdots).$$

解説 4：階差型の漸化式をつくるために a_n の係数に着目する

$a_{n+1} = 3a_n - 4 \ \cdots (*)$ の a_n の係数が 3 であることに着目すると，$(*)$ の両辺を 3^{n+1} で割ることにより，

$$\frac{a_{n+1}}{3^{n+1}} = \frac{3a_n}{3^{n+1}} - \frac{4}{3^{n+1}}$$

すなわち，

$$\frac{a_{n+1}}{3^{n+1}} = \frac{a_n}{3^n} - 4 \cdot \left(\frac{1}{3}\right)^{n+1}$$

という階差型の漸化式が得られ，数列 $\left\{\dfrac{a_n}{3^n}\right\}$ の一般項を求めることができる．

そして，数列 $\left\{\dfrac{a_n}{3^n}\right\}$ の一般項から，数列 $\{a_n\}$ の一般項を求めることができる．

▶ 解答 4 ◀

$a_{n+1} = 3a_n - 4 \ (n=1, 2, 3, \cdots)$ より，

$$\frac{a_{n+1}}{3^{n+1}} = \frac{3a_n}{3^{n+1}} - \frac{4}{3^{n+1}} \ (n=1, 2, 3, \cdots)$$

すなわち，

$$\frac{a_{n+1}}{3^{n+1}} = \frac{a_n}{3^n} - \frac{4}{3} \cdot \left(\frac{1}{3}\right)^n \ (n=1, 2, 3, \cdots)$$

であるから，数列 $\left\{\dfrac{a_n}{3^n}\right\}$ の階差数列を $\{b_n\}$ とすると，

$$b_n = -\frac{4}{3} \cdot \left(\frac{1}{3}\right)^n \ (n=1, 2, 3, \cdots)$$

である．また，$a_1 = 1$ より，数列 $\left\{\dfrac{a_n}{3^n}\right\}$ の初項は

例題 8

$$\frac{a_1}{3^1} = \frac{1}{3} \quad \cdots ①.$$

以上のことから，$n \geq 2$ のとき，

$$\begin{aligned}
\frac{a_n}{3^n} &= \frac{1}{3} + \sum_{k=1}^{n-1} \left\{ -\frac{4}{3} \cdot \left(\frac{1}{3}\right)^k \right\} \\
&= \frac{1}{3} + \frac{-\frac{4}{9} \cdot \left\{1 - \left(\frac{1}{3}\right)^{n-1}\right\}}{1 - \frac{1}{3}} \\
&= \frac{1}{3} - \frac{2}{3} \cdot \left\{1 - \left(\frac{1}{3}\right)^{n-1}\right\} \\
&= \frac{1}{3} - \frac{2}{3} + \frac{2}{3} \cdot \left(\frac{1}{3}\right)^{n-1} \\
&= -\frac{1}{3} + \frac{2}{3^n}.
\end{aligned}$$

① より，$\dfrac{a_n}{3^n} = -\dfrac{1}{3} + \dfrac{2}{3^n}$ は $n=1$ のときも成り立つ．

したがって，$\dfrac{a_n}{3^n} = -\dfrac{1}{3} + \dfrac{2}{3^n} \ (n=1, 2, 3, \cdots)$．

よって，$a_n = -3^{n-1} + 2 \ (n=1, 2, 3, \cdots)$．

(参考)　p, q を定数とする．$p \neq 0$ ならば，$a_{n+1} = p a_n + q$ の両辺を p^{n+1} で割ると，

$$\frac{a_{n+1}}{p^{n+1}} = \frac{a_n}{p^n} + \frac{q}{p^{n+1}}$$

という階差型の漸化式が得られる．

（補足）漸化式と関数のグラフ

$a_{n+1} = 3a_n$ $(n = 1, 2, 3, \cdots)$ $\cdots(*)$ により定まる数列 $\{a_n\}$ に対して，a_1 の値が定まっているとき，a_2 の値，a_3 の値，$\cdots$ を次のようにして xy 平面内の x 軸上，および y 軸上に示すことができる．

まず，直線 $m : y = 3x$ を図示する．（*）より $a_2 = 3a_1$ であるから，直線 m 上の x 座標が a_1 である点の y 座標が a_2 となる．

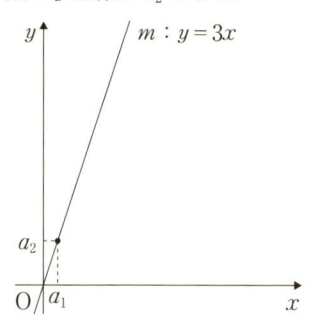

次に，a_2 の値を x 軸上に示すために，直線 $l : y = x$ を図示する．直線 l 上の y 座標が a_2 である点の x 座標が a_2 となる．

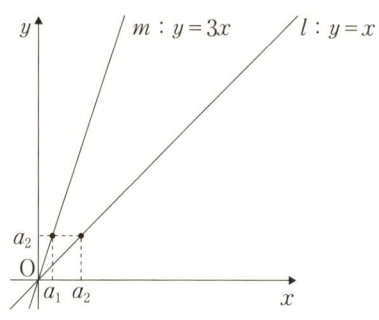

そして，（*）より $a_3 = 3a_2$ であるから，直線 m 上の x 座標が a_2 である点の y 座標が a_3 となる．

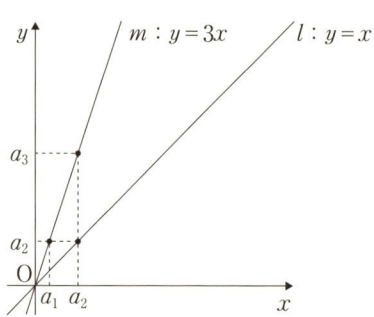

さらに，直線 l 上の y 座標が a_3 である点の x 座標が a_3 となることから，a_3 の値を x 軸上に示すことができる．以後，この操作を繰り返すことにより，a_2 の値，a_3 の値，$\cdots$ を x 軸上，および y 軸上に示すことができる．

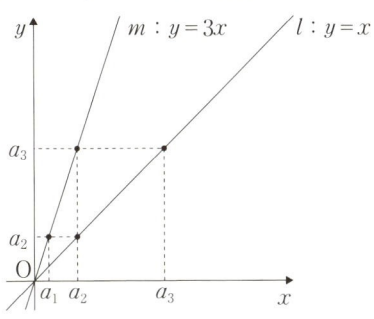

同様に，x のみが変数である関数 $f(x)$ があり，$a_{n+1}=f(a_n)$ ($n=1, 2, 3, \cdots$) により定まる数列 $\{a_n\}$ に対して，a_1 の値が定まっているとすると，xy 平面において，$y=f(x)$ のグラフ上の x 座標が a_n である点の y 座標が a_{n+1} であることと，直線 $y=x$ 上の y 座標が a_{n+1} である点の x 座標が a_{n+1} であることから，数列 $\{a_n\}$ の a_2 の値，a_3 の値，$\cdots$ を x 軸上，および y 軸上に示すことができる．

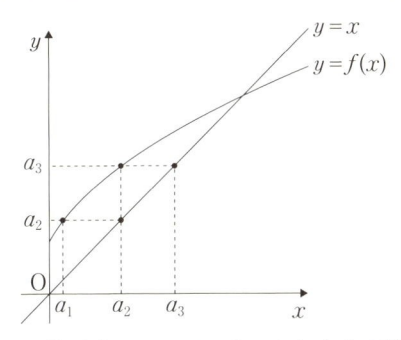

以後，本書では，$a_{n+1}=f(a_n)$ ($n=1, 2, 3, \cdots$) により定まる数列 $\{a_n\}$ に対して，「xy 平面において，$y=f(x)$ のグラフと直線 $y=x$ があり，x 軸上に a_1 の値，a_2 の値，a_3 の値，$\cdots$ が記されていて，y 軸上に a_2 の値，a_3 の値，$\cdots$ が記されている図」を「$a_{n+1}=f(a_n)$ を表す図」と呼び，「$y=f(x)$ のグラフ」を「$a_{n+1}=f(a_n)$ を表すグラフ」と呼ぶことにする．

（補足）グラフの平行移動により等比型の漸化式を得る

$a_{n+1}=3a_n$ を表すグラフは直線 $y=3x$ であり，この直線は原点を通る．このように，等比型の漸化式を表すグラフは原点を通る直線である．このことを踏まえて，
$$a_{n+1}=3a_n-4$$
から
$$a_{n+1}-\alpha=3(a_n-\alpha) \quad (\alpha \text{ は定数})$$
という等比型の漸化式を得る方法を漸化式を表す図を利用して考察してみることにする．

まず，$a_{n+1}=3a_n-4$ を表すグラフは直線 $y=3x-4$ であるから，$a_{n+1}=3a_n-4$ を表す図は次のようになる．

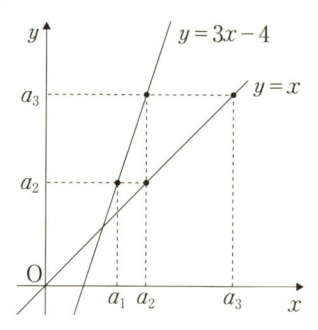

ここで，等比型の漸化式を表す図は

　　　　　原点を通る直線と直線 $y=x$

があり，

　　x 軸上に第 1 項の値，第 2 項の値，第 3 項の値，…

が記されていて，

　　　　y 軸上に，第 2 項の値，第 3 項の値，…

が記されている図であることから，

　　　　x 軸方向の移動量と y 軸方向の移動量が等しい

という条件のもとで

　　　　直線 $y=3x-4$ を原点を通る直線になるように平行移動

することにより，$a_{n+1}=3a_n-4$ を表す図から等比型の漸化式を表す図を得ることができる．

すなわち，直線 $y=3x-4$ と直線 $y=x$ の交点である点 $(2, 2)$ を原点に移すように，直線 $y=3x-4$ を平行移動することで，$a_{n+1}=3a_n-4$ を表す図から等比型の漸化式を表す図が得られることがわかる．

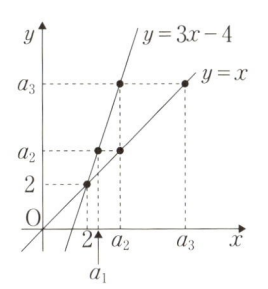

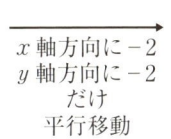

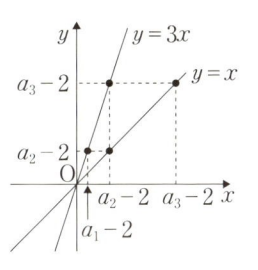

この平行移動により得られた図は

$$\text{直線 } y=3x \text{ と直線 } y=x$$

があり，

$$x \text{ 軸上に } a_1-2 \text{ の値, } a_2-2 \text{ の値, } a_3-2 \text{ の値, } \cdots$$

が記されていて，

$$y \text{ 軸上に, } a_2-2 \text{ の値, } a_3-2 \text{ の値, } \cdots$$

が記されている図，すなわち，$a_{n+1}-2=3(a_n-2)$ を表す図である．したがって，この平行移動により，$a_{n+1}=3a_n-4$ から $a_{n+1}-2=3(a_n-2)$ という等比型の漸化式が得られることがわかる．

同様に，p, q を定数とし，$p \neq 1$ とするとき，直線 $y=px+q$ と直線 $y=x$ は共有点をもつことから，「**直線 $y=px+q$ と直線 $y=x$ の共有点を原点に移すように，直線 $y=px+q$ を平行移動** …（＊）」することで，$a_{n+1}=pa_n+q$ を表す図から等比型の漸化式を表す図が得られる．また，直線 $y=x$ 上の点の座標は (α, α) とおけるので，直線 $y=px+q$ と直線 $y=x$ の共有点の座標は $\alpha=p\alpha+q$ を満たす α の値を求めることにより得られる．

以上のことから，α を $\alpha=p\alpha+q$ を満たす値とすると，（＊）を行うことにより，$a_{n+1}=pa_n+q$ を表す図から等比型の漸化式である $a_{n+1}-\alpha=p(a_n-\alpha)$ を表す図が得られ，$a_{n+1}=pa_n+q$ から $a_{n+1}-\alpha=p(a_n-\alpha)$ という等比型の漸化式が得られることがわかる．

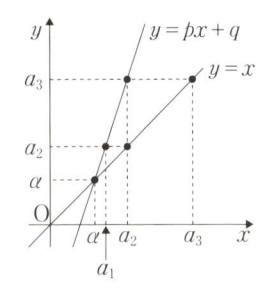

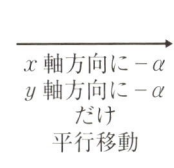

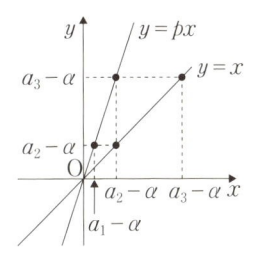

第1章の例題で学んだ内容のまとめ

例題 1

数列において，それぞれの項の値をそれ以前の項の値により定める規則を表した式を，漸化式という．

例題 2

漸化式により定まる数列に関する命題が真であることを証明するときは，数学的帰納法を利用するのが効果的である場合が多い．

例題 3

d を定数とする．$a_{n+1} = a_n + d$ $(n = 1, 2, 3, \cdots)$ により定まる数列 $\{a_n\}$ は，公差が d である等差数列である．

例題 4

r を定数とする．$a_{n+1} = ra_n$ $(n = 1, 2, 3, \cdots)$ により定まる数列 $\{a_n\}$ は，公比が r である等比数列である．

例題 5

$a_{n+1} = a_n + f(n)$ $(n = 1, 2, 3, \cdots)$ により数列 $\{a_n\}$ が定まるとき，数列 $\{a_n\}$ の階差数列を $\{b_n\}$ とすると，$b_n = f(n)$ $(n = 1, 2, 3, \cdots)$ である．

例題 6

漸化式において，第 n 項と第 $(n+1)$ 項の関係になっている部分があるときは，その漸化式により定められる数列の一般項が求められることがある．

例題 7

漸化式において，第 n 項と第 $(n+1)$ 項の関係となる部分をつくることで，その漸化式により定められる数列の一般項が求められることがある．

例題 8

p, q を定数とし，$p \neq 1$ とする．$a_{n+1} = pa_n + q$ $(n = 1, 2, 3, \cdots)$ により定まる数列 $\{a_n\}$ の一般項を求めるためには，次のような手段が有効である．

- $\alpha = p\alpha + q$ を満たす定数 α を用いて，$a_{n+1} = pa_n + q$ を
$$a_{n+1} - \alpha = p(a_n - \alpha)$$
と変形する．
- 漸化式の n を $n+1$ に変えた式ともとの漸化式の差をとる．
- $p \neq 0$ ならば，$a_{n+1} = pa_n + q$ の両辺を p^{n+1} で割る．

第2章
さまざまなアプローチができる漸化式

~第2章で学ぶ内容~

　第2章では第1章の例題8で学んだ事柄が活用できるタイプの漸化式を扱う．

　第2章では4題の例題を取り上げるが，それぞれの例題で学ぶテーマを以下に記す．

例題 9 ：漸化式 $a_{n+1} = pa_n + (n の整式)$ （p は定数で，$p \neq 1$）
例題 10：漸化式 $a_{n+1} = pa_n + qr^n$ （p, q, r は定数）
例題 11：漸化式 $a_{n+2} - pa_{n+1} + qa_n = 0$ （p, q は定数）(1)
例題 12：漸化式 $a_{n+2} - pa_{n+1} + qa_n = 0$ （p, q は定数）(2)

　例題9，例題10では，$a_{n+1} = pa_n + (n の式)$ （p は定数）という型の漸化式を学ぶ．例題9，例題10のいずれにおいても複数の解説を用意しているが，第1章の例題8で学んだ事柄を確認しながら理解してほしい．注意してほしいのは，例題9の解答1と解答2は全く同じ内容であるが，解説1と解説2でその同じ内容の解答に至るまでの考え方の違いを説明している点であることと，例題10の解答2と解答3は全く同じ内容であるが，解説2と解説3でその同じ内容の解答に至るまでの考え方の違いを説明している点である．

　例題11，例題12では，$a_{n+2} - pa_{n+1} + qa_n = 0$ （p, q は定数）という型の漸化式を学ぶ．少々複雑な漸化式ではあるが，第1章で学んだ事柄を確認しながら理解してほしい．

第2章　さまざまなアプローチができる漸化式

例題 9

次のように定義される数列 $\{a_n\}$ の一般項を求めよ．
$$a_1 = -2, \quad a_{n+1} = 3a_n - 4n - 4 \ (n = 1, 2, 3, \cdots).$$

例題 10

次のように定義される数列 $\{a_n\}$ の一般項を求めよ．
$$a_1 = 1, \quad a_{n+1} = 3a_n + 2 \cdot 5^n \ (n = 1, 2, 3, \cdots).$$

例題 11

次のように定義される数列 $\{a_n\}$ の一般項を求めよ.
$$a_1=1, \quad a_2=16, \quad a_{n+2}-8a_{n+1}+16a_n=0 \ (n=1,2,3,\cdots).$$

例題 12

次のように定義される数列 $\{a_n\}$ の一般項を求めよ.
$$a_1=1, \quad a_2=13, \quad a_{n+2}-8a_{n+1}+15a_n=0 \ (n=1,2,3,\cdots).$$

漸化式 $a_{n+1} = pa_n + (n \text{の整式})$ (p は定数で, $p \neq 1$)

例題 9

次のように定義される数列 $\{a_n\}$ の一般項を求めよ.
$$a_1 = -2, \quad a_{n+1} = 3a_n - 4n - 4 \quad (n = 1, 2, 3, \cdots).$$

解説1：等比型の漸化式をつくるために右辺の整式に着目する

$a_{n+1} = 3a_n - 4n - 4$ …① を変形すると,
$$a_{n+1} = 3a_n - (6n + 9) + (2n + 5)$$
すなわち,
$$a_{n+1} - (2n + 5) = 3a_n - (6n + 9) \quad \cdots ②$$
となることから,
$$a_{n+1} - \{2(n+1) + 3\} = 3\{a_n - (2n + 3)\} \quad \cdots ③$$
と①を変形できることがわかる. ③は等比型の漸化式であるから, この変形により数列 $\{a_n\}$ の一般項を求めることができる.

①から③への変形は, 等比型の漸化式を得ることを目的として, 第 n 項と第 $(n+1)$ 項の関係となる部分をつくるような変形を試みた結果であり, ①の右辺にある $-4n - 4$ を②のようにうまく両辺に分けて③を得ることがこの変形の着眼点である.

また, ①の右辺の $-4n - 4$ をどのように両辺に分ければ③のような等比型の漸化式が得られるかがわからない場合は, ③に相当する式を最初につくっておき, その式を①に相当する形になるように変形して, その変形した式と①を比較するのも有効な手段である. すなわち,
$$a_{n+1} = 3a_n - 4n - 4 \quad \cdots ①$$
を変形すると,
$$a_{n+1} - \{\alpha(n+1) + \beta\} = 3\{a_n - (\alpha n + \beta)\} \quad \cdots ③' \quad (\alpha, \beta \text{は定数})$$
となると仮定する. ③' を変形すると,
$$a_{n+1} - (\alpha n + \alpha + \beta) = 3a_n - (3\alpha n + 3\beta) \quad \cdots ②'$$
となることから, ②' より,

$$a_{n+1} = 3a_n - (3\alpha n + 3\beta) + (\alpha n + \alpha + \beta)$$

すなわち，

$$a_{n+1} = 3a_n - 2\alpha n + \alpha - 2\beta \quad \cdots \text{①}'$$

と③′を変形できることがわかる．①′の右辺と①の右辺に着目して，

$$-2\alpha n + \alpha - 2\beta = -4n - 4$$

が n についての恒等式になるための α, β の条件を求めると，

$$-2\alpha = -4 \quad \text{かつ} \quad \alpha - 2\beta = -4$$

となるので，このことから，$(\alpha, \beta) = (2, 3)$ ならば，③′が①を変形して得られる式になることがわかる．

▶ **解答 1** ◀

$a_{n+1} = 3a_n - 4n - 4 \ (n = 1, 2, 3, \cdots)$ より，

$$a_{n+1} - \{2(n+1) + 3\} = 3\{a_n - (2n+3)\} \ (n = 1, 2, 3, \cdots)$$

であるから，

数列 $\{a_n - (2n+3)\}$ は公比が 3 である等比数列

である．また，$a_1 = -2$ より，数列 $\{a_n - (2n+3)\}$ の初項は

$$a_1 - (2 \cdot 1 + 3) = -2 - 5$$
$$= -7.$$

よって，数列 $\{a_n - (2n+3)\}$ は初項が -7，公比が 3 である等比数列なので，

$$a_n - (2n+3) = -7 \cdot 3^{n-1} \ (n = 1, 2, 3, \cdots).$$

したがって，$\boldsymbol{a_n = -7 \cdot 3^{n-1} + 2n + 3} \ (n = 1, 2, 3, \cdots).$

次ページに（参考）があります

(参考) p を定数とし，$p \neq 1$ とする．また，$f(n)$ を n についての整式とする．このとき，$a_{n+1} = pa_n + f(n)$ $(n = 1, 2, 3, \cdots)$ により定まる数列 $\{a_n\}$ の一般項を求める過程をまとめると次のようになる．

$$a_{n+1} = pa_n + f(n) \quad \cdots (*)$$ を変形すると，

$$a_{n+1} - g(n+1) = p\{a_n - g(n)\} \quad \cdots (**)$$

となると仮定する．ただし，$g(n)$ は $f(n)$ と次数が等しい整式である．$(**)$ を変形すると，

$$a_{n+1} - g(n+1) = pa_n - pg(n)$$

すなわち，

$$a_{n+1} = pa_n + g(n+1) - pg(n) \quad \cdots (*)'$$

となる．そして，$(*)'$ の右辺と $(*)$ の右辺に着目して，

$$g(n+1) - pg(n) = f(n) \quad \cdots (***)$$

が n についての恒等式になる条件から，$g(n)$ を求めることを試みる．その結果，$g(n)$ が求まれば，**求めた $g(n)$ を $(**)$ に代入することで，$(*)$ を等比型の漸化式に変形できる**ことがわかる．以上のようにして，$(*)$ を等比型の漸化式に変形することにより，数列 $\{a_n\}$ の一般項を求めることができる．

(注釈) $(***)$ を得る方法としては，$(*)'$ の右辺と $(*)$ の右辺に着目するという方法以外にも，$(*) - (**)$ より，

$$g(n+1) = pg(n) + f(n)$$

を導き，$(***)$ を得るという方法もある．このことを踏まえて，以後，本書では，$(*)$ を等比型の漸化式に変形する方法を，「$g(n+1) = pg(n) + f(n)$ が n についての恒等式になるような整式 $g(n)$ を $(**)$ に代入する」という旨で記すことにする．

Memo

例題 9

次のように定義される数列 $\{a_n\}$ の一般項を求めよ．
$$a_1 = -2, \quad a_{n+1} = 3a_n - 4n - 4 \ (n = 1, 2, 3, \cdots).$$

解説2：漸化式を満たす数列を1つ見つけることで等比型の漸化式をつくる

$a_{n+1} = 3a_n - 4n - 4 \ (n = 1, 2, 3, \cdots) \quad \cdots (*)$ により定まる数列 $\{a_n\}$ が1つ見つかったとし，その数列を $\{b_n\}$ とする．

数列 $\{b_n\}$ は
$$a_{n+1} = 3a_n - 4n - 4 \quad \cdots ① \ (n = 1, 2, 3, \cdots)$$
により定まる数列 $\{a_n\}$ のうちの1つであるから，
$$b_{n+1} = 3b_n - 4n - 4 \quad \cdots ② \ (n = 1, 2, 3, \cdots)$$
が成り立つ．

①－②により，
$$a_{n+1} - b_{n+1} = 3(a_n - b_n) \ (n = 1, 2, 3, \cdots) \quad \cdots ③$$
となり，これは等比型の漸化式である．

したがって，$(*)$ により定まる数列 $\{a_n\}$ を1つ見つけることができれば，③のような等比型の漸化式を得ることができることがわかる．

そして，$a_{n+1} = 3a_n - 4n - 4$ の右辺の $-4n - 4$ が n についての1次式であることから，$(*)$ により定まる数列 $\{a_n\}$ のうちの1つに「一般項が n についての1次式となる数列」があると推測できるので，そのような数列があるか否かを次のようにして調べてみることにする．

$b_n = \alpha n + \beta \ (n = 1, 2, 3, \cdots) \ (\alpha, \beta \text{ は定数})$ である数列 $\{b_n\}$ が②を満たす，すなわち，$(*)$ により定まる数列 $\{a_n\}$ のうちの1つであるとすると，
$$\alpha(n+1) + \beta = 3(\alpha n + \beta) - 4n - 4 \quad \cdots ②' \ (n = 1, 2, 3, \cdots).$$

②′より
$$\alpha n + \alpha + \beta = (3\alpha - 4)n + 3\beta - 4$$
であるから，②′が n についての恒等式になるための α, β の条件を求めると，
$$\alpha = 3\alpha - 4 \quad \text{かつ} \quad \alpha + \beta = 3\beta - 4$$
すなわち，$(\alpha, \beta) = (2, 3)$ となるので，$b_n = 2n + 3 \ (n = 1, 2, 3, \cdots)$ である数列

$\{b_n\}$ は（＊）により定まる数列 $\{a_n\}$ のうちの１つであることがわかる．

　以上のことをまとめると，（＊）により定まる数列 $\{a_n\}$ のうち，**一般項が n についての１次式であるものが②′により求まれば，①－②′により，**

$$a_{n+1} - \{\alpha(n+1) + \beta\} = 3\{a_n - (\alpha n + \beta)\} \ (n = 1, 2, 3, \cdots) \quad \cdots ③'$$

という等比型の漸化式を得ることができることがわかり，②′が n についての恒等式となるような $\alpha,\ \beta$ の値の組が $(\alpha, \beta) = (2, 3)$ であることから，③′は

$$a_{n+1} - \{2(n+1) + 3\} = 3\{a_n - (2n + 3)\} \ (n = 1, 2, 3, \cdots)$$

となるので，これにより，数列 $\{a_n\}$ の一般項を求めることができる．

▶解答 2◀

$a_{n+1} = 3a_n - 4n - 4 \ (n = 1, 2, 3, \cdots)$ より，

$$a_{n+1} - \{2(n+1) + 3\} = 3\{a_n - (2n + 3)\} \ (n = 1, 2, 3, \cdots)$$

であるから，

　　　　　数列 $\{a_n - (2n + 3)\}$ は公比が３である等比数列

である．また，$a_1 = -2$ より，数列 $\{a_n - (2n + 3)\}$ の初項は

$$a_1 - (2 \cdot 1 + 3) = -2 - 5$$
$$= -7.$$

よって，数列 $\{a_n - (2n + 3)\}$ は初項が -7，公比が３である等比数列なので，

$$a_n - (2n + 3) = -7 \cdot 3^{n-1} \ (n = 1, 2, 3, \cdots).$$

したがって，$\boldsymbol{a_n = -7 \cdot 3^{n-1} + 2n + 3} \ (n = 1, 2, 3, \cdots)$．

次ページに（参考）があります

(参考) p を定数とし，$p \neq 1$ とする．また，$f(n)$ を n についての整式とする．このとき，$a_{n+1} = pa_n + f(n)$ $(n = 1, 2, 3, \cdots)$ により定まる数列 $\{a_n\}$ を 1 つ見つけるという方針のもとで，数列 $\{a_n\}$ の一般項を求める過程をまとめると次のようになる．

$a_{n+1} = pa_n + f(n)$ $\cdots (*)$ $(n = 1, 2, 3, \cdots)$ により定まる数列 $\{a_n\}$ を 1 つ見つけるため，$f(n)$ と次数が等しく，かつ，

$$g(n+1) = pg(n) + f(n)$$

が n についての恒等式になるような整式 $g(n)$ を求めることを試みる．その結果，$g(n)$ が求まれば，**求めた $g(n)$ に対して**，

$$a_{n+1} = pa_n + f(n),$$
$$g(n+1) = pg(n) + f(n)$$

の両辺を引くことで，

$$a_{n+1} - g(n+1) = p\{a_n - g(n)\} \ (n = 1, 2, 3, \cdots)$$

という等比型の漸化式が得られる．以上のようにして，$(*)$ を等比型の漸化式に変形することにより，数列 $\{a_n\}$ の一般項を求めることができる．

Memo

例題 9

次のように定義される数列 $\{a_n\}$ の一般項を求めよ．
$$a_1 = -2, \quad a_{n+1} = 3a_n - 4n - 4 \ (n = 1, 2, 3, \cdots).$$

解説 3：漸化式の n を $n+1$ に変えた式ともとの漸化式の差をとる

$a_{n+1} = 3a_n - 4n - 4 \ \cdots (\ast)$ の n と記されている箇所をすべて $n+1$ に変えて得られる式である
$$a_{n+2} = 3a_{n+1} - 4(n+1) - 4 \ \cdots (\ast\ast) \ (n = 1, 2, 3, \cdots)$$
と，もとの漸化式である
$$a_{n+1} = 3a_n - 4n - 4 \ \cdots (\ast) \ (n = 1, 2, 3, \cdots)$$
において，$(\ast\ast) - (\ast)$ により，
$$a_{n+2} - a_{n+1} = 3(a_{n+1} - a_n) - 4 \ (n = 1, 2, 3, \cdots)$$
が得られ，数列 $\{a_{n+1} - a_n\}$ の一般項を求めることができる．

そして，数列 $\{a_{n+1} - a_n\}$ の一般項と $(\ast)$ から，数列 $\{a_n\}$ の一般項を求めることができる．

▶解答 3◀

$a_{n+1} = 3a_n - 4n - 4 \ \cdots (\ast) \ (n = 1, 2, 3, \cdots)$ より，
$$a_{n+2} = 3a_{n+1} - 4(n+1) - 4 \ \cdots (\ast\ast) \ (n = 1, 2, 3, \cdots).$$
$(\ast\ast) - (\ast)$ により，
$$a_{n+2} - a_{n+1} = 3(a_{n+1} - a_n) - 4 \ (n = 1, 2, 3, \cdots)$$
すなわち，
$$(a_{n+2} - a_{n+1}) - 2 = 3\{(a_{n+1} - a_n) - 2\} \ (n = 1, 2, 3, \cdots)$$
であるから，

数列 $\{(a_{n+1} - a_n) - 2\}$ は公比が 3 である等比数列

である．また，$a_1 = -2$ と $a_{n+1} = 3a_n - 4n - 4 \ (n = 1, 2, 3, \cdots)$ より，
$$\begin{aligned} a_2 &= 3a_1 - 4 \cdot 1 - 4 \\ &= 3 \cdot (-2) - 4 \cdot 1 - 4 \\ &= -14 \end{aligned}$$
であるから，数列 $\{(a_{n+1} - a_n) - 2\}$ の初項は

$$(a_2 - a_1) - 2 = \{-14 - (-2)\} - 2$$
$$= -14.$$

よって，数列 $\{(a_{n+1} - a_n) - 2\}$ は初項が -14，公比が 3 である等比数列なので，
$$(a_{n+1} - a_n) - 2 = -14 \cdot 3^{n-1} \quad (n = 1, 2, 3, \cdots)$$

すなわち，
$$a_{n+1} - a_n = -14 \cdot 3^{n-1} + 2 \quad \cdots (***) \quad (n = 1, 2, 3, \cdots).$$

$(*) - (***)$ により，
$$a_n = 3a_n + 14 \cdot 3^{n-1} - 4n - 6 \quad (n = 1, 2, 3, \cdots).$$

したがって，$a_n = -7 \cdot 3^{n-1} + 2n + 3 \quad (n = 1, 2, 3, \cdots).$

(参考) 次数が1以上の整式 $f(n)$ に対して，$f(n+1) - f(n)$ の次数は $f(n)$ の次数より1小さい．例えば，
$$f(n) = n \text{ のとき, } f(n+1) - f(n) = 1,$$
$$f(n) = n^2 \text{ のとき, } f(n+1) - f(n) = 2n + 1,$$
$$f(n) = n^3 \text{ のとき, } f(n+1) - f(n) = 3n^2 + 3n + 1$$
である．

このことから，$a_{n+1} = pa_n + f(n) \quad \cdots ① \quad (n = 1, 2, 3, \cdots)$ (p は定数) の n と記されている箇所をすべて $n+1$ に変えて得られる式である
$$a_{n+2} = pa_{n+1} + f(n+1) \quad \cdots ② \quad (n = 1, 2, 3, \cdots)$$
において，②$-$①により得られる
$$a_{n+2} - a_{n+1} = p(a_{n+1} - a_n) + f(n+1) - f(n) \quad \cdots ③ \quad (n = 1, 2, 3, \cdots)$$
と①はともに (第 $(n+1)$ 項) $= p \cdot$ (第 n 項) $+$ (n の整式) という型の漸化式であり，③の右辺の (n の整式) の次数は①の右辺の (n の整式) の次数より1だけ小さいことがわかる．

以上のことから，(第 $(n+1)$ 項) $= p \cdot$ (第 n 項) $+$ (n の整式) という型の漸化式において，「漸化式の n を $n+1$ に変えた式ともとの漸化式の差をとり，新たな漸化式を得て，さらにその漸化式の n を $n+1$ に変えた式とその漸化式の差をとり，また新たな漸化式を得る」ということを繰り返していくと，$a_{n+1} = pa_n + q$ (p, q は定数) という型の漸化式が得られることがわかる．

漸化式 $a_{n+1} = pa_n + qr^n$ （p, q, r は定数）

> **例題 10**
>
> 次のように定義される数列 $\{a_n\}$ の一般項を求めよ．
> $$a_1 = 1, \quad a_{n+1} = 3a_n + 2 \cdot 5^n \ (n = 1, 2, 3, \cdots).$$

解説 1：右辺の「n 乗」を「定数」にするような変形を試みる

$a_{n+1} = 3a_n + 2 \cdot 5^n$ …（∗）の右辺の n 乗されている値が 5 であることに着目すると，（∗）の両辺を 5^{n+1} で割ることにより，

$$\frac{a_{n+1}}{5^{n+1}} = \frac{3a_n}{5^{n+1}} + \frac{2 \cdot 5^n}{5^{n+1}}$$

すなわち，

$$\frac{a_{n+1}}{5^{n+1}} = \frac{3}{5} \cdot \frac{a_n}{5^n} + \frac{2}{5}$$

という漸化式が得られ，数列 $\left\{\dfrac{a_n}{5^n}\right\}$ の一般項を求めることができる．

そして，数列 $\left\{\dfrac{a_n}{5^n}\right\}$ の一般項から，数列 $\{a_n\}$ の一般項を求めることができる．

（注） （∗）の両辺を 5^{n+1} で割るという変形は $a_{n+1} = pa_n + qr^n$（p, q, r は定数）という型の漸化式である（∗）から $a_{n+1} = p'a_n + q'$（p', q' は定数）という型の漸化式を得ることを目的とした変形である．

▶ **解答 1** ◀

$a_{n+1} = 3a_n + 2 \cdot 5^n \ (n = 1, 2, 3, \cdots)$ より，

$$\frac{a_{n+1}}{5^{n+1}} = \frac{3a_n}{5^{n+1}} + \frac{2 \cdot 5^n}{5^{n+1}} \ (n = 1, 2, 3, \cdots)$$

すなわち，

$$\frac{a_{n+1}}{5^{n+1}} = \frac{3}{5} \cdot \frac{a_n}{5^n} + \frac{2}{5} \ (n = 1, 2, 3, \cdots)$$

である．

第 2 章 さまざまなアプローチができる漸化式

$$\frac{a_{n+1}}{5^{n+1}} = \frac{3}{5} \cdot \frac{a_n}{5^n} + \frac{2}{5} \ (n=1, 2, 3, \cdots) \ \text{より},$$
$$\frac{a_{n+1}}{5^{n+1}} - 1 = \frac{3}{5}\left(\frac{a_n}{5^n} - 1\right) (n=1, 2, 3, \cdots)$$

であるから,

数列 $\left\{\dfrac{a_n}{5^n} - 1\right\}$ は公比が $\dfrac{3}{5}$ である等比数列

である．また，$a_1 = 1$ より，数列 $\left\{\dfrac{a_n}{5^n} - 1\right\}$ の初項は

$$\begin{aligned}\frac{a_1}{5^1} - 1 &= \frac{1}{5} - 1 \\ &= -\frac{4}{5}.\end{aligned}$$

よって，数列 $\left\{\dfrac{a_n}{5^n} - 1\right\}$ は初項が $-\dfrac{4}{5}$，公比が $\dfrac{3}{5}$ である等比数列なので,

$$\frac{a_n}{5^n} - 1 = -\frac{4}{5} \cdot \left(\frac{3}{5}\right)^{n-1} (n=1, 2, 3, \cdots)$$

すなわち,

$$\frac{a_n}{5^n} = -\frac{4 \cdot 3^{n-1}}{5^n} + 1 \ (n=1, 2, 3, \cdots).$$

したがって，$a_n = -4 \cdot 3^{n-1} + 5^n \ (n=1, 2, 3, \cdots).$

(参考)　p, q, r を定数とする．$r \neq 0$ ならば，$a_{n+1} = pa_n + qr^n$ の両辺を r^{n+1} で割ると,
$$\frac{a_{n+1}}{r^{n+1}} = \frac{p}{r} \cdot \frac{a_n}{r^n} + \frac{q}{r} \quad \cdots (*)$$

となる.

　$(*)$ は $a_{n+1} = p'a_n + q'$（p', q' は定数）という型の漸化式であるので，このことから，$a_{n+1} = pa_n + qr^n \ (n=1, 2, 3, \cdots)$ により定まる数列 $\{a_n\}$ の一般項を求めることができる.

例題 10

次のように定義される数列 $\{a_n\}$ の一般項を求めよ．
$$a_1 = 1, \quad a_{n+1} = 3a_n + 2 \cdot 5^n \quad (n = 1, 2, 3, \cdots).$$

解説2：等比型の漸化式をつくるために右辺の「n 乗」に着目する

$a_{n+1} = 3a_n + 2 \cdot 5^n$ …① を変形すると，
$$a_{n+1} = 3a_n - 3 \cdot 5^n + 5 \cdot 5^n$$
すなわち，
$$a_{n+1} - 5 \cdot 5^n = 3a_n - 3 \cdot 5^n \quad \cdots ②$$
となることから，
$$a_{n+1} - 5^{n+1} = 3(a_n - 5^n) \quad \cdots ③$$
と①を変形できることがわかる．③は等比型の漸化式であるから，この変形により数列 $\{a_n\}$ の一般項を求めることができる．

①から③への変形は，等比型の漸化式を得ることを目的として，第 n 項と第 $(n+1)$ 項の関係となる部分をつくるような変形を試みた結果であり，①の右辺にある $2 \cdot 5^n$ を②のようにうまく両辺に分けて③を得ることがこの変形の着眼点である．

また，①の右辺の $2 \cdot 5^n$ をどのように両辺に分ければ③のような等比型の漸化式が得られるかがわからない場合は，③に相当する式を最初につくっておき，その式を①に相当する形になるように変形して，その変形した式と①を比較するのも有効な手段である．すなわち，
$$a_{n+1} = 3a_n + 2 \cdot 5^n \quad \cdots ①$$
を変形すると，
$$a_{n+1} - \alpha \cdot 5^{n+1} = 3(a_n - \alpha \cdot 5^n) \quad \cdots ③' \quad (\alpha \text{ は定数})$$
となると仮定する．③′を変形すると，
$$a_{n+1} - 5\alpha \cdot 5^n = 3a_n - 3\alpha \cdot 5^n \quad \cdots ②'$$
となることから，②′より，
$$a_{n+1} = 3a_n - 3\alpha \cdot 5^n + 5\alpha \cdot 5^n$$
すなわち，
$$a_{n+1} = 3a_n + 2\alpha \cdot 5^n \quad \cdots ①'$$

と③′を変形できることがわかる．①′の右辺と①の右辺に着目して，
$$2\alpha \cdot 5^n = 2 \cdot 5^n$$
すなわち，
$$\alpha = 1$$
ならば，③′が①を変形して得られる式になることがわかる．

──▶解答2◀──

$a_{n+1} = 3a_n + 2 \cdot 5^n \ (n=1, 2, 3, \cdots)$ より，
$$a_{n+1} - 5^{n+1} = 3(a_n - 5^n) \ (n=1, 2, 3, \cdots)$$
であるから，

数列 $\{a_n - 5^n\}$ は公比が3である等比数列

である．また，$a_1 = 1$ より，数列 $\{a_n - 5^n\}$ の初項は
$$a_1 - 5^1 = 1 - 5$$
$$= -4.$$
よって，数列 $\{a_n - 5^n\}$ は初項が -4，公比が3である等比数列なので，
$$a_n - 5^n = -4 \cdot 3^{n-1} \ (n=1, 2, 3, \cdots).$$
したがって，$a_n = -4 \cdot 3^{n-1} + 5^n \ (n=1, 2, 3, \cdots)$.

次ページに（参考）があります

(参考) p, q, rを定数とする．$p \neq r$ならば，$a_{n+1} = pa_n + qr^n$ $(n = 1, 2, 3, \cdots)$ により定まる数列$\{a_n\}$の一般項を次のようにして求めることができる．

$$a_{n+1} = pa_n + qr^n \quad \cdots (*)$$ を変形すると，
$$a_{n+1} - \alpha \cdot r^{n+1} = p(a_n - \alpha \cdot r^n) \quad \cdots (**) \quad (\alpha\text{は定数})$$
となると仮定する．$(**)$を変形すると，
$$a_{n+1} - r\alpha \cdot r^n = pa_n - p\alpha \cdot r^n$$
すなわち，
$$a_{n+1} = pa_n + (r-p)\alpha \cdot r^n \quad \cdots (*)'$$
となる．そして，$(*)'$の右辺と$(*)$の右辺を比較すると，
$$(r-p)\alpha \cdot r^n = q \cdot r^n \quad \cdots (***)$$
となる．

$p \neq r$ より，$\alpha = \dfrac{q}{r-p}$ のとき $(r-p)\alpha \cdot r^n = q \cdot r^n$ $(n = 1, 2, 3, \cdots)$ となるので，この
$$(r-p)\alpha \cdot r^n = q \cdot r^n \quad (n = 1, 2, 3, \cdots)$$
となるようなαの値を$(**)$に代入することで，$(*)$を等比型の漸化式に変形できることがわかる．以上のようにして，$(*)$を等比型の漸化式に変形することにより，数列$\{a_n\}$の一般項を求めることができる．

(注釈) $(***)$を得る方法としては，$(*)'$の右辺と$(*)$の右辺を比較するという方法以外にも，$(*) - (**)$ より，
$$\alpha \cdot r^{n+1} = p\alpha \cdot r^n + qr^n$$
を導き，$(***)$を得るという方法もある．このことを踏まえて，以後，本書では，$(*)$を等比型の漸化式に変形する方法を，「$\alpha \cdot r^{n+1} = p\alpha \cdot r^n + qr^n$ を満たすαの値を$(**)$に代入する」という旨で記すことにする．

Memo

例題 10

次のように定義される数列の $\{a_n\}$ の一般項を求めよ．
$$a_1=1, \quad a_{n+1}=3a_n+2\cdot 5^n \quad (n=1, 2, 3, \cdots).$$

解説 3：漸化式を満たす数列を 1 つ見つけることで等比型の漸化式をつくる

$a_{n+1}=3a_n+2\cdot 5^n \ (n=1, 2, 3, \cdots)$ …（*）により定まる数列 $\{a_n\}$ が 1 つ見つかったとし，その数列を $\{b_n\}$ とする．

数列 $\{b_n\}$ は
$$a_{n+1}=3a_n+2\cdot 5^n \quad \cdots ① \quad (n=1, 2, 3, \cdots)$$
により定まる数列 $\{a_n\}$ のうちの 1 つであるから，
$$b_{n+1}=3b_n+2\cdot 5^n \quad \cdots ② \quad (n=1, 2, 3, \cdots)$$
が成り立つ．

①－②により，
$$a_{n+1}-b_{n+1}=3(a_n-b_n) \ (n=1, 2, 3, \cdots) \quad \cdots ③$$
となり，これは等比型の漸化式である．

したがって，（*）により定まる数列 $\{a_n\}$ を 1 つ見つけることができれば，③のような等比型の漸化式を得ることができることがわかる．

そして，$a_{n+1}=3a_n+2\cdot 5^n$ の右辺の $2\cdot 5^n$ が定数に 5^n を掛けたという形であることから，（*）により定まる数列 $\{a_n\}$ のうちの 1 つに「一般項が $\alpha\cdot 5^n$（α は定数）と表される数列」があると推測できるので，そのような数列があるか否かを次のようにして調べてみることにする．

$b_n=\alpha\cdot 5^n \ (n=1, 2, 3, \cdots)$（$\alpha$ は定数）である数列 $\{b_n\}$ が②を満たす，すなわち，（*）により定まる数列 $\{a_n\}$ のうちの 1 つであるとすると，
$$\alpha\cdot 5^{n+1}=3\alpha\cdot 5^n+2\cdot 5^n \quad \cdots ②' \ (n=1, 2, 3, \cdots).$$

②′により，
$$5\alpha\cdot 5^n=(3\alpha+2)\cdot 5^n \ (n=1, 2, 3, \cdots)$$
すなわち，
$$\alpha=1$$
となるので，$b_n=5^n \ (n=1, 2, 3, \cdots)$ である数列 $\{b_n\}$ は（*）により定まる数列 $\{a_n\}$ のうちの 1 つであることがわかる．

以上のことをまとめると，（∗）により定まる数列 $\{a_n\}$ のうち，一般項が $\alpha \cdot 5^n$（α は定数）と表されるものが ②′ により求まれば，①−②′ により，

$$a_{n+1} - \alpha \cdot 5^{n+1} = 3(a_n - \alpha \cdot 5^n) \ (n = 1, 2, 3, \cdots) \quad \cdots ③′$$

という**等比型の漸化式を得ることができる**ことがわかり，②′ より $\alpha = 1$ であるから，③′ は

$$a_{n+1} - 5^{n+1} = 3(a_n - 5^n) \ (n = 1, 2, 3, \cdots)$$

となるので，これにより，数列 $\{a_n\}$ の一般項を求めることができる．

— ▶解答 3 ◀ —

$a_{n+1} = 3a_n + 2 \cdot 5^n \ (n = 1, 2, 3, \cdots)$ より，
$$a_{n+1} - 5^{n+1} = 3(a_n - 5^n) \ (n = 1, 2, 3, \cdots)$$
であるから，

数列 $\{a_n - 5^n\}$ は公比が 3 である等比数列

である．また，$a_1 = 1$ より，数列 $\{a_n - 5^n\}$ の初項は
$$a_1 - 5^1 = 1 - 5$$
$$= -4.$$
よって，数列 $\{a_n - 5^n\}$ は初項が -4，公比が 3 である等比数列なので，
$$a_n - 5^n = -4 \cdot 3^{n-1} \ (n = 1, 2, 3, \cdots).$$
したがって，$a_n = -4 \cdot 3^{n-1} + 5^n \ (n = 1, 2, 3, \cdots)$

次ページに（参考）があります

(**参考**) p, q, r を定数とする．$p \neq r$ ならば，$a_{n+1} = pa_n + qr^n$ ($n = 1, 2, 3, \cdots$) により定まる数列 $\{a_n\}$ を 1 つ見つけるという方針のもとで，数列 $\{a_n\}$ の一般項を求める過程をまとめると次のようになる．

$a_{n+1} = pa_n + qr^n \quad \cdots (*) \quad (n = 1, 2, 3, \cdots)$ により定まる数列 $\{a_n\}$ を 1 つ見つけるため，

$$\alpha \cdot r^{n+1} = p\alpha \cdot r^n + qr^n \ (n = 1, 2, 3, \cdots)$$

すなわち，

$$r\alpha \cdot r^n = (p\alpha + q) \cdot r^n \ (n = 1, 2, 3, \cdots)$$

を満たす定数 α を求めることを試みる．そして，$p \neq r$ であることから，$\alpha = \dfrac{q}{r-p}$ のとき $r\alpha \cdot r^n = (p\alpha + q) \cdot r^n$ ($n = 1, 2, 3, \cdots$) は成り立つので，この

$$\alpha \cdot r^{n+1} = p\alpha \cdot r^n + qr^n \ (n = 1, 2, 3, \cdots)$$

となるような α の値に対して，

$$a_{n+1} = pa_n + qr^n,$$
$$\alpha \cdot r^{n+1} = p\alpha \cdot r^n + qr^n$$

の両辺を引くことで，

$$a_{n+1} - \alpha \cdot r^{n+1} = p(a_n - \alpha \cdot r^n) \ (n = 1, 2, 3, \cdots)$$

という**等比型の漸化式が得られる**．以上のようにして，(*) を等比型の漸化式に変形することにより，数列 $\{a_n\}$ の一般項を求めることができる．

Memo

例題 10

次のように定義される数列 $\{a_n\}$ の一般項を求めよ．
$$a_1 = 1, \quad a_{n+1} = 3a_n + 2\cdot 5^n \quad (n = 1, 2, 3, \cdots).$$

解説 4：階差型の漸化式をつくるために a_n の係数に着目する

$a_{n+1} = 3a_n + 2\cdot 5^n \quad \cdots(*)$ の a_n の係数が 3 であることに着目すると，$(*)$ の両辺を 3^{n+1} で割ることにより，

$$\frac{a_{n+1}}{3^{n+1}} = \frac{3a_n}{3^{n+1}} + \frac{2\cdot 5^n}{3^{n+1}}$$

すなわち，

$$\frac{a_{n+1}}{3^{n+1}} = \frac{a_n}{3^n} + \frac{2}{3}\cdot\left(\frac{5}{3}\right)^n$$

という階差型の漸化式が得られ，数列 $\left\{\dfrac{a_n}{3^n}\right\}$ の一般項を求めることができる．

そして，数列 $\left\{\dfrac{a_n}{3^n}\right\}$ の一般項から，数列 $\{a_n\}$ の一般項を求めることができる．

解答 4

$a_{n+1} = 3a_n + 2\cdot 5^n \ (n = 1, 2, 3, \cdots)$ より，

$$\frac{a_{n+1}}{3^{n+1}} = \frac{3a_n}{3^{n+1}} + \frac{2\cdot 5^n}{3^{n+1}} \ (n = 1, 2, 3, \cdots)$$

すなわち，

$$\frac{a_{n+1}}{3^{n+1}} = \frac{a_n}{3^n} + \frac{2}{3}\cdot\left(\frac{5}{3}\right)^n \ (n = 1, 2, 3, \cdots)$$

であるから，数列 $\left\{\dfrac{a_n}{3^n}\right\}$ の階差数列を $\{b_n\}$ とすると，

$$b_n = \frac{2}{3}\cdot\left(\frac{5}{3}\right)^n \ (n = 1, 2, 3, \cdots)$$

である．また，$a_1 = 1$ より，数列 $\left\{\dfrac{a_n}{3^n}\right\}$ の初項は

$$\frac{a_1}{3^1} = \frac{1}{3} \quad \cdots ①.$$

以上のことから，$n \geq 2$ のとき，

$$\begin{aligned}
\frac{a_n}{3^n} &= \frac{1}{3} + \sum_{k=1}^{n-1} \frac{2}{3} \cdot \left(\frac{5}{3}\right)^k \\
&= \frac{1}{3} + \frac{\frac{10}{9} \cdot \left\{\left(\frac{5}{3}\right)^{n-1} - 1\right\}}{\frac{5}{3} - 1} \\
&= \frac{1}{3} + \frac{10}{9} \cdot \frac{3}{2} \cdot \left\{\left(\frac{5}{3}\right)^{n-1} - 1\right\} \\
&= \frac{1}{3} + \frac{5}{3} \cdot \left(\frac{5}{3}\right)^{n-1} - \frac{5}{3} \\
&= -\frac{4}{3} + \frac{5^n}{3^n}.
\end{aligned}$$

① より，$\dfrac{a_n}{3^n} = -\dfrac{4}{3} + \dfrac{5^n}{3^n}$ は $n=1$ のときも成り立つ．

したがって，$\dfrac{a_n}{3^n} = -\dfrac{4}{3} + \dfrac{5^n}{3^n}$ $(n=1, 2, 3, \cdots)$．

よって，$a_n = -4 \cdot 3^{n-1} + 5^n$ $(n=1, 2, 3, \cdots)$．

（参考）　p, q, r を定数とする．$p \neq 0$ ならば，$a_{n+1} = pa_n + qr^n$ の両辺を p^{n+1} で割ると，
$$\frac{a_{n+1}}{p^{n+1}} = \frac{a_n}{p^n} + \frac{qr^n}{p^{n+1}}$$
という階差型の漸化式が得られる．

漸化式 $a_{n+2} - pa_{n+1} + qa_n = 0$ (p, q は定数)(1)

例題 11

次のように定義される数列 $\{a_n\}$ の一般項を求めよ.
$a_1 = 1$, $a_2 = 16$, $a_{n+2} - 8a_{n+1} + 16a_n = 0$ ($n = 1, 2, 3, \cdots$).

解説

$a_{n+2} - 8a_{n+1} + 16a_n = 0$ …(＊) を変形すると,
$$a_{n+2} - (4+4)a_{n+1} + 4 \cdot 4a_n = 0 \quad \cdots ①$$
すなわち,
$$a_{n+2} - 4a_{n+1} = 4a_{n+1} - 4 \cdot 4a_n \quad \cdots ②$$
となることから,
$$a_{n+2} - 4a_{n+1} = 4(a_{n+1} - 4a_n) \quad \cdots ③$$
と（＊）を変形できることがわかる. ③は等比型の漸化式であるから, ③により, $a_{n+1} - 4a_n = (a_2 - 4a_1) \cdot 4^{n-1}$ ($n = 1, 2, 3, \cdots$) …（※）となることがわかるので,（※）の漸化式から, 数列 $\{a_n\}$ の一般項を求めることができる.

（＊）から③への変形は, 等比型の漸化式を得ることを目的として, 第 n 項と第 $(n+1)$ 項の関係となる部分をつくるような変形を試みた結果であり,（＊）の左辺にある -8 と 16 を②のようにうまく両辺に分けて③を得ることがこの変形の着眼点である.

また,（＊）の左辺の -8 と 16 をどのように両辺に分ければ③のような等比型の漸化式が得られるかがわからない場合は, ③に相当する式を最初につくっておき, その式を（＊）に相当する形になるように変形して, その変形した式と（＊）を比較するのも有効な手段である. すなわち,
$$a_{n+2} - 8a_{n+1} + 16a_n = 0 \quad \cdots(＊)$$
を変形すると,
$$a_{n+2} - \alpha a_{n+1} = \beta(a_{n+1} - \alpha a_n) \quad \cdots ③' \quad (\alpha, \beta は定数)$$
となると仮定する. ③'を変形すると,
$$a_{n+2} - \alpha a_{n+1} = \beta a_{n+1} - \alpha \beta a_n \quad \cdots ②'$$

となることから，②′ より，
$$a_{n+2} - (\alpha+\beta)a_{n+1} + \alpha\beta a_n = 0 \quad \cdots ①'$$
と③′を変形できることがわかる．①′の左辺と（＊）の左辺に着目して，
$$\alpha+\beta = 8 \quad \text{かつ} \quad \alpha\beta = 16 \quad \cdots ④$$
を満たす α, β の値を③′に代入すると，③′ が（＊）を変形して得られる式になることがわかる．そして，④を満たす α, β は x についての2次方程式
$$x^2 - 8x + 16 = 0 \quad \cdots ⑤$$
の2解であるから，⑤を解くことにより，$(\alpha, \beta) = (4, 4)$ が得られる．

(注) p, q を定数とする．「$\alpha+\beta = p$ かつ $\alpha\beta = q$」を満たす α, β は x についての2次方程式 $x^2 - px + q = 0$ の2解である．

── ▶ 解答 ◀ ──

$a_{n+2} - 8a_{n+1} + 16a_n = 0 \ (n = 1, 2, 3, \cdots)$ より，
$$a_{n+2} - 4a_{n+1} = 4(a_{n+1} - 4a_n) \ (n = 1, 2, 3, \cdots)$$
であるから，数列 $\{a_{n+1} - 4a_n\}$ は公比が4である等比数列である．

また，$a_1 = 1$，$a_2 = 16$ より，数列 $\{a_{n+1} - 4a_n\}$ の初項は
$$a_2 - 4a_1 = 16 - 4 \cdot 1$$
$$= 12.$$

よって，数列 $\{a_{n+1} - 4a_n\}$ は初項が12，公比が4である等比数列なので，
$$a_{n+1} - 4a_n = 12 \cdot 4^{n-1} \ (n = 1, 2, 3, \cdots) \quad \cdots (※).$$

(※) より，$a_{n+1} = 4a_n + 3 \cdot 4^n \ (n = 1, 2, 3, \cdots)$，すなわち，
$$\frac{a_{n+1}}{4^{n+1}} = \frac{a_n}{4^n} + \frac{3}{4} \ (n = 1, 2, 3, \cdots)$$
であるから，数列 $\left\{\dfrac{a_n}{4^n}\right\}$ は公差が $\dfrac{3}{4}$ である等差数列である．

また，$a_1 = 1$ より，数列 $\left\{\dfrac{a_n}{4^n}\right\}$ の初項は $\dfrac{a_1}{4^1} = \dfrac{1}{4}$．

よって，数列 $\left\{\dfrac{a_n}{4^n}\right\}$ は初項が $\dfrac{1}{4}$，公差が $\dfrac{3}{4}$ である等差数列なので，
$$\frac{a_n}{4^n} = \frac{1}{4} + (n-1) \cdot \frac{3}{4} \ (n = 1, 2, 3, \cdots).$$

したがって，$a_n = (3n - 2) \cdot 4^{n-1} \ (n = 1, 2, 3, \cdots)$．

次ページに（参考）があります

(参考) p, q を定数とする．このとき，$a_{n+2} - pa_{n+1} + qa_n = 0$ ($n = 1, 2, 3, \cdots$) により定まる数列 $\{a_n\}$ の一般項を求める過程をまとめると次のようになる．

$a_{n+2} - pa_{n+1} + qa_n = 0$ …(＊) を変形すると，

$$a_{n+2} - \alpha a_{n+1} = \beta(a_{n+1} - \alpha a_n) \quad \cdots(＊＊) \quad (\alpha, \beta \text{ は定数})$$

となると仮定する．(＊＊) を変形すると，

$$a_{n+2} - (\alpha + \beta)a_{n+1} + \alpha\beta a_n = 0 \quad \cdots(＊)'$$

となる．そして，(＊)' の左辺と (＊) の左辺を比較すると，

$$\alpha + \beta = p \quad \text{かつ} \quad \alpha\beta = q \quad \cdots(＊＊＊)$$

となり，(＊＊＊) を満たす α, β は x についての 2 次方程式 $x^2 - px + q = 0$ の 2 解なので，$x^2 - px + q = 0$ を解くことで得られる α の値と β の値を (＊＊) に代入することで，(＊) を等比型の漸化式に変形できることがわかる．

以上のようにして，(＊) を等比型の漸化式に変形することにより，数列 $\{a_{n+1} - \alpha a_n\}$ の一般項を求めることができる．そして，数列 $\{a_{n+1} - \alpha a_n\}$ の一般項を表す漸化式から，数列 $\{a_n\}$ の一般項を求めることができる．

Memo

漸化式 $a_{n+2} - pa_{n+1} + qa_n = 0$ (p, q は定数)(2)

例題 12

次のように定義される数列 $\{a_n\}$ の一般項を求めよ.
$a_1 = 1$, $a_2 = 13$, $a_{n+2} - 8a_{n+1} + 15a_n = 0$ ($n = 1, 2, 3, \cdots$).

解説

$a_{n+2} - 8a_{n+1} + 15a_n = 0$ $\cdots(*)$ から等比型の漸化式を得るために, $(*)$ を変形すると,
$$a_{n+2} - \alpha a_{n+1} = \beta(a_{n+1} - \alpha a_n) \quad \cdots(**) \quad (\alpha, \beta \text{ は定数})$$
となると仮定する. $(**)$ を変形すると,
$$a_{n+2} - (\alpha + \beta)a_{n+1} + \alpha\beta a_n = 0 \quad \cdots(*)'$$
となる. $(*)'$ の左辺と $(*)$ の左辺に着目して,
$$\alpha + \beta = 8 \quad \text{かつ} \quad \alpha\beta = 15 \quad \cdots(***)$$
を満たす α, β の値を $(**)$ に代入すると, $(**)$ が $(*)$ を変形して得られる式になることがわかる. そして, $(***)$ を満たす α, β は x についての 2 次方程式
$$x^2 - 8x + 15 = 0$$
の解であるから, この 2 次方程式を解くことにより,
$$(\alpha, \beta) = (5, 3), (3, 5)$$
が得られる. したがって, $(*)$ を変形すると,
$$\begin{cases} a_{n+2} - 5a_{n+1} = 3(a_{n+1} - 5a_n) \, (n=1,2,3,\cdots) & \cdots ① \\ a_{n+2} - 3a_{n+1} = 5(a_{n+1} - 3a_n) \, (n=1,2,3,\cdots) & \cdots ② \end{cases}$$
という 2 つの等比型の漸化式が得られることがわかる.
① より,
$$a_{n+1} - 5a_n = (a_2 - 5a_1) \cdot 3^{n-1} \, (n=1,2,3,\cdots) \quad \cdots ①'$$
② より,
$$a_{n+1} - 3a_n = (a_2 - 3a_1) \cdot 5^{n-1} \, (n=1,2,3,\cdots) \quad \cdots ②'$$
となることがわかり, ①', ②' のいずれかの漸化式から数列 $\{a_n\}$ の一般

項を求めることができるが，①′−②′により，数列 $\{a_n\}$ の一般項を求めることもできる．

このように，$a_{n+2} - pa_{n+1} + qa_n = 0$（$p$, q は定数）という型の漸化式から，**等比型の漸化式が 2 つ得られることがある**．そのときは，その 2 つの等比型の漸化式から，①′，②′のような等比数列の一般項を表す漸化式が 2 つ得られるので，その 2 つの等比数列の一般項を表す漸化式を用いて数列 $\{a_n\}$ の一般項を求めることができる．

▶ 解答 ◀

$a_{n+2} - 8a_{n+1} + 15a_n = 0$ ($n=1, 2, 3, \cdots$) より，
$$\begin{cases} a_{n+2} - 5a_{n+1} = 3(a_{n+1} - 5a_n) & (n=1, 2, 3, \cdots) \quad \cdots ① \\ a_{n+2} - 3a_{n+1} = 5(a_{n+1} - 3a_n) & (n=1, 2, 3, \cdots) \quad \cdots ② \end{cases}$$

①より，数列 $\{a_{n+1} - 5a_n\}$ は公比が 3 である等比数列である．
また，$a_1 = 1$, $a_2 = 13$ より，数列 $\{a_{n+1} - 5a_n\}$ の初項は
$$a_2 - 5a_1 = 13 - 5 \cdot 1$$
$$= 8.$$

よって，数列 $\{a_{n+1} - 5a_n\}$ は初項が 8，公比が 3 である等比数列なので，
$$a_{n+1} - 5a_n = 8 \cdot 3^{n-1} \quad \cdots ①' \ (n=1, 2, 3, \cdots).$$

さらに，②より，数列 $\{a_{n+1} - 3a_n\}$ は公比が 5 である等比数列である．
また，$a_1 = 1$, $a_2 = 13$ より，数列 $\{a_{n+1} - 3a_n\}$ の初項は
$$a_2 - 3a_1 = 13 - 3 \cdot 1$$
$$= 10.$$

よって，数列 $\{a_{n+1} - 3a_n\}$ は初項が 10，公比が 5 である等比数列なので，
$$a_{n+1} - 3a_n = 10 \cdot 5^{n-1} \ (n=1, 2, 3, \cdots)$$

すなわち，
$$a_{n+1} - 3a_n = 2 \cdot 5^n \quad \cdots ②' \ (n=1, 2, 3, \cdots).$$

①′−②′により，
$$-2a_n = 8 \cdot 3^{n-1} - 2 \cdot 5^n \ (n=1, 2, 3, \cdots)$$

すなわち，
$$a_n = -4 \cdot 3^{n-1} + 5^n \ (n=1, 2, 3, \cdots).$$

第2章の例題で学んだ内容のまとめ

例題 9

p を定数とし，$p \neq 1$ とする．また，$f(n)$ を n についての整式とする．

$a_{n+1} = pa_n + f(n)$ $(n = 1, 2, 3, \cdots)$ により定まる数列 $\{a_n\}$ の一般項を求めるためには，次のような手段が有効である．

- $g(n+1) = pg(n) + f(n)$ が n についての恒等式になるような整式 $g(n)$ を用いて，$a_{n+1} = pa_n + f(n)$ を
$$a_{n+1} - g(n+1) = p\{a_n - g(n)\}$$
と変形する．

- 漸化式の n を $n+1$ に変えた式ともとの漸化式の差をとる．

例題 10

p, q, r を定数とする．

$a_{n+1} = pa_n + qr^n$ $(n = 1, 2, 3, \cdots)$ により定まる数列 $\{a_n\}$ の一般項を求めるためには，次のような手段が有効である．

- $r \neq 0$ ならば，$a_{n+1} = pa_n + qr^n$ の両辺を r^{n+1} で割る．

- $p \neq r$ ならば，$\alpha \cdot r^{n+1} = p\alpha \cdot r^n + qr^n$ $(n = 1, 2, 3, \cdots)$ を満たす定数 α を用いて，$a_{n+1} = pa_n + qr^n$ を
$$a_{n+1} - \alpha \cdot r^{n+1} = p(a_n - \alpha \cdot r^n)$$
と変形する．

- $p \neq 0$ ならば，$a_{n+1} = pa_n + qr^n$ の両辺を p^{n+1} で割る．

例題 11，例題 12

p, q を定数とする．$a_{n+2} - pa_{n+1} + qa_n = 0$ $(n = 1, 2, 3, \cdots)$ により定まる数列 $\{a_n\}$ の一般項は，次のようにして求められる．

まず，x についての2次方程式 $x^2 - px + q = 0$ の2解を α, β とすると，$a_{n+2} - pa_{n+1} + qa_n = 0$ を $a_{n+2} - \alpha a_{n+1} = \beta(a_{n+1} - \alpha a_n)$ と変形できるので，これを用いて，数列 $\{a_{n+1} - \alpha a_n\}$ の一般項を求める．

そして，数列 $\{a_{n+1} - \alpha a_n\}$ の一般項を表す漸化式から，数列 $\{a_n\}$ の一般項が求められる．なお，数列 $\{a_{n+1} - \alpha a_n\}$ の一般項を表す漸化式が2つ得られるときは，その2つの漸化式の差をとることにより，数列 $\{a_n\}$ の一般項が求められる．

第3章
いろいろな漸化式

~第3章で学ぶ内容~

　第3章ではさまざまなタイプの漸化式を扱う．

　第3章では5題の例題を取り上げるが，それぞれの例題で学ぶテーマを以下に記す．

　例題 13：和 S_n を含む漸化式

　例題 14：漸化式 $a_{n+1} = \dfrac{pa_n}{ra_n + s}$

　例題 15：漸化式 $a_{n+1} = ra_n^k$ $(r>0)$

　例題 16：2つの数列についての漸化式

　例題 17：漸化式 $a_{n+1} = \dfrac{pa_n + q}{ra_n + s}$ $(p,\ q,\ r,\ s$ は定数$)$

　いずれの例題においても，漸化式から一般項を求めるための式変形のコツをつかんでほしい．また，例題17は例題14を踏まえた内容になっていることも確認してほしい．

第3章　いろいろな漸化式

例題 13

数列 $\{a_n\}$ の初項から第 n 項までの和を S_n とする．次のように定義される数列 $\{a_n\}$ の一般項を求めよ．
$$2S_n = 3a_n + 4n - 5 \ (n = 1, 2, 3, \cdots).$$

例題 14

次のように定義される数列 $\{a_n\}$ がある．
$$a_1 = 2, \quad a_{n+1} = \frac{2a_n}{a_n + 1} \ (n = 1, 2, 3, \cdots).$$

(1) すべての正の整数 n に対して，$a_n > 0$ であることを証明せよ．
(2) 数列 $\{a_n\}$ の一般項を求めよ．

例題 15

次のように定義される数列 $\{a_n\}$ がある．
$$a_1 = 1, \quad a_{n+1} = 4a_n^3 \ (n = 1, 2, 3, \cdots).$$

(1) すべての正の整数 n に対して，$a_n > 0$ であることを証明せよ．
(2) 数列 $\{a_n\}$ の一般項を求めよ．

例題 16

次のように定義される数列 $\{a_n\}$ の一般項と数列 $\{b_n\}$ の一般項を求めよ．
$$\begin{cases} a_1 = 1 & \cdots ① \\ b_1 = 3 & \cdots ② \\ a_{n+1} = a_n + 4b_n & \cdots ③ \ (n=1, 2, 3, \cdots) \\ b_{n+1} = -2a_n + 7b_n & \cdots ④ \ (n=1, 2, 3, \cdots) \end{cases}$$

例題 17

次のように定義される数列 $\{a_n\}$ がある．
$$a_1 = 4, \quad a_{n+1} = \frac{4a_n - 6}{a_n - 1} \ (n=1, 2, 3, \cdots).$$

(1) すべての正の整数 n に対して，$a_n > 3$ であることを証明せよ．

(2) 数列 $\{a_n\}$ の一般項を求めよ．

和 S_n を含む漸化式

例題 13

数列 $\{a_n\}$ の初項から第 n 項までの和を S_n とする．次のように定義される数列 $\{a_n\}$ の一般項を求めよ．
$$2S_n = 3a_n + 4n - 5 \ (n = 1, 2, 3, \cdots).$$

解説

$2S_n = 3a_n + 4n - 5 \quad \cdots (*) \ (n = 1, 2, 3, \cdots)$ のように，数列 $\{a_n\}$ の初項から第 n 項までの和 S_n が数列 $\{a_n\}$ についての漸化式に含まれているときは，$(*)$ の n と記されている箇所をすべて $n+1$ に変えて得られる式である
$$2S_{n+1} = 3a_{n+1} + 4(n+1) - 5 \quad \cdots (**) \ (n = 1, 2, 3, \cdots)$$
と，もとの漸化式である
$$2S_n = 3a_n + 4n - 5 \quad \cdots (*) \ (n = 1, 2, 3, \cdots)$$
において，$(**) - (*)$ により，
$$2(S_{n+1} - S_n) = 3a_{n+1} - 3a_n + 4 \ (n = 1, 2, 3, \cdots)$$
となることと，$S_{n+1} - S_n = a_{n+1} \ (n = 1, 2, 3, \cdots)$ であることから，
$$2a_{n+1} = 3a_{n+1} - 3a_n + 4 \ (n = 1, 2, 3, \cdots)$$
すなわち，
$$a_{n+1} = 3a_n - 4 \ (n = 1, 2, 3, \cdots) \quad \cdots (*)'$$
という S_n を含まない漸化式が得られることにより，数列 $\{a_n\}$ の一般項が求められることがある．

さらに，$S_1 = a_1$ であることから，$(*)$ に $n = 1$ を代入することで，a_1 の値を求めることができるので，a_1 の値と $(*)'$ から，$(*)$ により定義される数列 $\{a_n\}$ の一般項を求めることができる．

（注） 次のようにして，$S_{n+1} - S_n = a_{n+1} \ (n = 1, 2, 3, \cdots)$，および，$S_1 = a_1$ であることがわかる．
$S_n = \sum_{k=1}^{n} a_k$，すなわち，$S_n = a_1 + a_2 + a_3 + \cdots + a_n \quad \cdots ①$ であるから，

例題 13

$$S_{n+1} = a_1 + a_2 + a_3 + \cdots + a_n + a_{n+1} \quad \cdots ②$$

となるので，②-①により，

$$S_{n+1} - S_n = a_{n+1} \ (n=1, 2, 3, \cdots)$$

となる．

さらに，$n=1$ のとき，①は $S_1 = a_1$ となる．

▶解答◀

$2S_n = 3a_n + 4n - 5 \quad \cdots (*) \ (n=1, 2, 3, \cdots)$ より，

$$2S_{n+1} = 3a_{n+1} + 4(n+1) - 5 \quad \cdots (**) \ (n=1, 2, 3, \cdots).$$

$(**) - (*)$ により，

$$2(S_{n+1} - S_n) = 3a_{n+1} - 3a_n + 4 \ (n=1, 2, 3, \cdots)$$

であるから，$S_{n+1} - S_n = a_{n+1} \ (n=1, 2, 3, \cdots)$ であることから，

$$2a_{n+1} = 3a_{n+1} - 3a_n + 4 \ (n=1, 2, 3, \cdots)$$

すなわち，

$$a_{n+1} = 3a_n - 4 \ (n=1, 2, 3, \cdots) \quad \cdots (*)'.$$

また，$(*)$ に $n=1$ を代入すると，

$$2S_1 = 3a_1 + 4 \cdot 1 - 5$$

であり，$S_1 = a_1$ であることから，

$$2a_1 = 3a_1 + 4 \cdot 1 - 5$$

すなわち，

$$a_1 = 1.$$

以上のことから，$a_1 = 1$ であり，かつ，$(*)'$ が成り立つ．

$(*)'$ より，

$$a_{n+1} - 2 = 3(a_n - 2) \ (n=1, 2, 3, \cdots)$$

であるから，数列 $\{a_n - 2\}$ は公比が 3 である等比数列である．また，$a_1 = 1$ より，数列 $\{a_n - 2\}$ の初項は

$$a_1 - 2 = 1 - 2$$
$$= -1.$$

よって，数列 $\{a_n - 2\}$ は初項が -1，公比が 3 である等比数列なので，

$$a_n - 2 = -1 \cdot 3^{n-1} \ (n=1, 2, 3, \cdots).$$

したがって，$a_n = -3^{n-1} + 2 \ (n=1, 2, 3, \cdots)$．

漸化式 $a_{n+1} = \dfrac{pa_n}{ra_n + s}$

例題 14

次のように定義される数列 $\{a_n\}$ がある.
$$a_1 = 2, \quad a_{n+1} = \dfrac{2a_n}{a_n + 1} \quad (n = 1, 2, 3, \cdots).$$

(1) すべての正の整数 n に対して, $a_n > 0$ であることを証明せよ.

(2) 数列 $\{a_n\}$ の一般項を求めよ.

解説

$a_{n+1} = \dfrac{2a_n}{a_n + 1}$ において, 右辺の分子が a_n についての単項式であることに着目すると, 両辺の逆数をとることにより,

$$\dfrac{1}{a_{n+1}} = \dfrac{a_n + 1}{2a_n}$$

と変形し, これを整理して, $\dfrac{1}{a_{n+1}} = \dfrac{1}{2} \cdot \dfrac{1}{a_n} + \dfrac{1}{2}$ という漸化式を得られることがわかる. このことから, 数列 $\left\{\dfrac{1}{a_n}\right\}$ の一般項を求めることができる. そして, 数列 $\left\{\dfrac{1}{a_n}\right\}$ の一般項から, 数列 $\{a_n\}$ の一般項を求めることができる.

なお, 分母が 0 である分数は定義されないが, (1) を証明することで, すべての正の整数 n に対して, $\dfrac{1}{a_n}$ と $\dfrac{2a_n}{a_n + 1}$ の 2 つの分数を定義できることがわかる.

解答

(1) すべての正の整数 n に対して, $a_n > 0$ $\cdots(*)$ が成り立つことを, 数学的帰納法により証明する.

(証明)

[Ⅰ] $n = 1$ のとき, $a_1 = 2$ より, $(*)$ は成り立つ.

[Ⅱ] k を正の整数とする. $n = k$ のとき $(*)$ が成り立つ, すなわち,

例題 14

$$a_k > 0 \quad \cdots (**)$$

であると仮定する．$a_{n+1} = \dfrac{2a_n}{a_n+1}$ ($n=1, 2, 3, \cdots$) より，

$$a_{k+1} = \dfrac{2a_k}{a_k+1}$$

であり，さらに，(**) より $2a_k > 0$, $a_k + 1 > 0$ であるから，$a_{k+1} > 0$ となるので，$n = k+1$ のときも (*) は成り立つ．

[Ⅰ]，[Ⅱ] より，すべての正の整数 n に対して，(*) は成り立つ．（証明終）

(2) (1) より，すべての正の整数 n に対して，$a_n > 0$ であるから，

$$a_{n+1} = \dfrac{2a_n}{a_n+1} \quad (n=1, 2, 3, \cdots)$$

より，

$$\dfrac{1}{a_{n+1}} = \dfrac{a_n+1}{2a_n} \quad (n=1, 2, 3, \cdots).$$

このことから，$\dfrac{1}{a_{n+1}} = \dfrac{1}{2} \cdot \dfrac{1}{a_n} + \dfrac{1}{2}$ ($n=1, 2, 3, \cdots$)，すなわち，

$$\dfrac{1}{a_{n+1}} - 1 = \dfrac{1}{2}\left(\dfrac{1}{a_n} - 1\right) \quad (n=1, 2, 3, \cdots)$$

となるので，数列 $\left\{\dfrac{1}{a_n} - 1\right\}$ は公比が $\dfrac{1}{2}$ である等比数列である．

また，$a_1 = 2$ より $\dfrac{1}{a_1} = \dfrac{1}{2}$ なので，数列 $\left\{\dfrac{1}{a_n} - 1\right\}$ の初項は $\dfrac{1}{a_1} - 1 = -\dfrac{1}{2}$.

よって，数列 $\left\{\dfrac{1}{a_n} - 1\right\}$ は初項が $-\dfrac{1}{2}$，公比が $\dfrac{1}{2}$ である等比数列なので，

$$\dfrac{1}{a_n} - 1 = -\dfrac{1}{2} \cdot \left(\dfrac{1}{2}\right)^{n-1} \quad (n=1, 2, 3, \cdots)$$

すなわち，

$$\dfrac{1}{a_n} = \dfrac{2^n - 1}{2^n} \quad (n=1, 2, 3, \cdots).$$

したがって，$a_n = \dfrac{2^n}{2^n - 1}$ ($n=1, 2, 3, \cdots$).

（参考）　$a_{n+1} = \dfrac{2a_n}{a_n+1}$ を右辺の分母を払って整理すると $a_n a_{n+1} + a_{n+1} - 2a_n = 0$ となる．この式の両辺を $a_n a_{n+1}$ で割って整理することにより，$\dfrac{1}{a_{n+1}} = \dfrac{1}{2} \cdot \dfrac{1}{a_n} + \dfrac{1}{2}$ を得ることもできる．

（注釈）　以後，本書では，$a_{n+1} = \dfrac{pa_n}{ra_n + s}$ ($n=1, 2, 3, \cdots$) という漸化式を「分子単項型」の漸化式と呼ぶことにする．

漸化式 $a_{n+1} = r a_n^k \ (r>0)$

例題 15

次のように定義される数列 $\{a_n\}$ がある．
$$a_1 = 1, \quad a_{n+1} = 4a_n^3 \ (n=1, 2, 3, \cdots).$$
(1) すべての正の整数 n に対して，$a_n > 0$ であることを証明せよ．
(2) 数列 $\{a_n\}$ の一般項を求めよ．

解説

$a_{n+1} = 4a_n^3$ において，<u>左辺と右辺がともに掛け算と累乗のみで表された式であること</u>に着目する．

$a_{n+1} = 4a_n^3$ において，両辺の 2 を底とする対数をとると，
$$\log_2 a_{n+1} = \log_2 4a_n^3$$
すなわち，
$$\log_2 a_{n+1} = \log_2 a_n^3 + \log_2 4$$
となり，これにより，
$$\log_2 a_{n+1} = 3\log_2 a_n + 2$$
という漸化式が得られる．このことから，数列 $\{\log_2 a_n\}$ の一般項を求めることができる．そして，数列 $\{\log_2 a_n\}$ の一般項から，数列 $\{a_n\}$ の一般項を求めることができる．

なお，対数において，真数は正であるから，(1) を証明することで，すべての正の整数 n に対して，$\log_2 a_n$ を定義できることがわかる．

(注) $r>0$ とする．$a_{n+1} = r a_n^k$ のように，左辺と右辺がともに掛け算と累乗のみで表されている等式は，両辺の対数をとることで，左辺と右辺がともに足し算と掛け算で表される等式にすることができる．なお，対数の底にする値は，対数をとった後の等式が見やすいものになるような値が最適であろう．

― ▶ 解答 ◀ ―

(1) すべての正の整数 n に対して，$a_n>0$ …(＊) が成り立つことを，数学的帰納法により証明する．

(証明)

[Ⅰ] $n=1$ のとき，$a_1=1$ より，(＊) は成り立つ．

[Ⅱ] k を正の整数とする．$n=k$ のとき (＊) が成り立つ，すなわち，
$$a_k>0 \quad \cdots(＊＊)$$
であると仮定する．$a_{n+1}=4a_n^3\ (n=1,2,3,\cdots)$ より，
$$a_{k+1}=4a_k^3$$
であり，さらに，(＊＊) より $4a_k^3>0$ であるから，$a_{k+1}>0$ となるので，$n=k+1$ のときも (＊) は成り立つ．

[Ⅰ]，[Ⅱ] より，すべての正の整数 n に対して，(＊) は成り立つ．(証明終)

(2) (1) より，すべての正の整数 n に対して，$a_n>0$ であるから，
$$a_{n+1}=4a_n^3\ (n=1,2,3,\cdots)$$
より，
$$\log_2 a_{n+1}=\log_2 4a_n^3\ (n=1,2,3,\cdots).$$
このことから，$\log_2 a_{n+1}=3\log_2 a_n+2\ (n=1,2,3,\cdots)$，すなわち，
$$\log_2 a_{n+1}+1=3(\log_2 a_{n+1}+1)\ (n=1,2,3,\cdots)$$
となるので，数列 $\{\log_2 a_n+1\}$ は公比が 3 である等比数列である．

また，$a_1=1$ より，数列 $\{\log_2 a_n+1\}$ の初項は
$$\log_2 a_1+1=\log_2 1+1$$
$$=0+1$$
$$=1.$$
よって，数列 $\{\log_2 a_n+1\}$ は初項が 1，公比が 3 である等比数列なので，
$$\log_2 a_n+1=1\cdot 3^{n-1}\ (n=1,2,3,\cdots)$$
すなわち，
$$\log_2 a_n=3^{n-1}-1\ (n=1,2,3,\cdots).$$
したがって，$a_n=2^{3^{n-1}-1}\ (n=1,2,3,\cdots)$．

2つの数列についての漸化式

例題 16

次のように定義される数列 $\{a_n\}$ の一般項と数列 $\{b_n\}$ の一般項を求めよ.

$$\begin{cases} a_1 = 1 & \cdots ① \\ b_1 = 3 & \cdots ② \\ a_{n+1} = a_n + 4b_n & \cdots ③ \ (n=1, 2, 3, \cdots) \\ b_{n+1} = -2a_n + 7b_n & \cdots ④ \ (n=1, 2, 3, \cdots) \end{cases}$$

解説1：数列 $\{a_n - \alpha b_n\}$ が等比数列になるような α の値を見つける

α を定数とする. ③ $- \alpha \times$ ④ より,

$$a_{n+1} - \alpha b_{n+1} = (a_n + 4b_n) - \alpha(-2a_n + 7b_n)$$

すなわち,

$$a_{n+1} - \alpha b_{n+1} = (1 + 2\alpha)a_n + (4 - 7\alpha)b_n \quad \cdots (*)$$

が得られる.

ここで, **数列 $\{a_n - \alpha b_n\}$ が等比数列であると仮定し, 公比を r とすると**,

$$a_{n+1} - \alpha b_{n+1} = r(a_n - \alpha b_n) \quad \cdots (**) \ (n=1, 2, 3, \cdots)$$

が成り立つので, $(**)$ を整理して得られる

$$a_{n+1} - \alpha b_{n+1} = ra_n - r\alpha b_n$$

の右辺と $(*)$ の右辺を比較すると,

$$1 + 2\alpha = r \quad \text{かつ} \quad 4 - 7\alpha = -r\alpha$$

となり, これを満たす α, r の組を求めると $(\alpha, r) = (1, 3), (2, 5)$ となる.

以上のことから, **数列 $\{a_n - \alpha b_n\}$ は $\alpha = 1$ または $\alpha = 2$ のときに等比数列になることがわかる**. このことから, 数列 $\{a_n - \alpha b_n\}$ の一般項を求めることができる. そして, 数列 $\{a_n - \alpha b_n\}$ の一般項から, 数列 $\{a_n\}$ の一般項と数列 $\{b_n\}$ の一般項を求めることができる.

このように, p, q, r, s を定数とするとき,

$$\begin{cases} a_{n+1} = pa_n + qb_n \ (n=1, 2, 3, \cdots) \\ b_{n+1} = ra_n + sb_n \ (n=1, 2, 3, \cdots) \end{cases}$$

により定まる数列 $\{a_n\}$ と数列 $\{b_n\}$ に対して，数列 $\{a_n - \alpha b_n\}$ が等比数列になるような α の値を見つけることができれば，数列 $\{a_n\}$ の一般項と数列 $\{b_n\}$ の一般項を求めることができる．

— ▶ 解答 1 ◀ —

③ $-1\times$ ④により，$a_{n+1} - b_{n+1} = 3(a_n - b_n)$ $(n = 1, 2, 3, \cdots)$ …⑤．
③ $-2\times$ ④により，$a_{n+1} - 2b_{n+1} = 5(a_n - 2b_n)$ $(n = 1, 2, 3, \cdots)$ …⑥．
⑤より，数列 $\{a_n - b_n\}$ は公比が 3 である等比数列である．
また，①，②より，数列 $\{a_n - b_n\}$ の初項は
$$a_1 - b_1 = 1 - 3$$
$$= -2.$$
よって，数列 $\{a_n - b_n\}$ は初項が -2，公比が 3 である等比数列なので，
$$a_n - b_n = -2 \cdot 3^{n-1} \quad \cdots\text{⑤}' \ (n = 1, 2, 3, \cdots).$$
さらに，⑥より，数列 $\{a_n - 2b_n\}$ は公比が 5 である等比数列である．
また，①，②より，数列 $\{a_n - 2b_n\}$ の初項は
$$a_1 - 2b_1 = 1 - 2\cdot 3$$
$$= -5.$$
よって，数列 $\{a_n - 2b_n\}$ は初項が -5，公比が 5 である等比数列なので，
$$a_n - 2b_n = -5 \cdot 5^{n-1} \ (n = 1, 2, 3, \cdots)$$
すなわち，
$$a_n - 2b_n = -5^n \quad \cdots\text{⑥}' \ (n = 1, 2, 3, \cdots).$$
$2\times$ ⑤$'-$ ⑥$'$ により，
$$a_n = -4 \cdot 3^{n-1} + 5^n \ (n = 1, 2, 3, \cdots).$$
⑤$'-$ ⑥$'$ により，
$$b_n = -2 \cdot 3^{n-1} + 5^n \ (n = 1, 2, 3, \cdots).$$
したがって，
$$a_n = -4 \cdot 3^{n-1} + 5^n, \ b_n = -2 \cdot 3^{n-1} + 5^n \ (n = 1, 2, 3, \cdots).$$

▶ 次ページに（参考）があります

(参考) ⑤と⑥から⑤′と⑥′を導いた後,⑤′と⑥′を a_n と b_n についての連立方程式とみることにより,数列 $\{a_n\}$ の一般項と数列 $\{b_n\}$ の一般項を求めることができるが,⑤′と⑥′のうちのいずれか一方と与えられた漸化式を用いて数列 $\{a_n\}$ の一般項と数列 $\{b_n\}$ の一般項を求めることもできる.

例えば,⑥′を b_n について解くと,
$$b_n = \frac{a_n + 5^n}{2} \quad \cdots ⑥''$$
となり,これを③に代入することにより,
$$a_{n+1} = a_n + 4 \cdot \frac{a_n + 5^n}{2} \quad (n = 1, 2, 3, \cdots)$$
すなわち,
$$a_{n+1} = 3a_n + 2 \cdot 5^n \quad (n = 1, 2, 3, \cdots)$$
という b_n を含まない漸化式を得ることができる.

そして,①と $a_{n+1} = 3a_n + 2 \cdot 5^n \ (n = 1, 2, 3, \cdots)$ より,
$$a_n = -4 \cdot 3^{n-1} + 5^n \quad (n = 1, 2, 3, \cdots)$$
が得られ,さらに $a_n = -4 \cdot 3^{n-1} + 5^n$ を⑥″に代入することより,
$$b_n = -2 \cdot 3^{n-1} + 5^n \quad (n = 1, 2, 3, \cdots)$$
が得られる.

Memo

例題 16

次のように定義される数列 $\{a_n\}$ の一般項と数列 $\{b_n\}$ の一般項を求めよ．

$$\begin{cases} a_1 = 1 & \cdots ① \\ b_1 = 3 & \cdots ② \\ a_{n+1} = a_n + 4b_n & \cdots ③ \ (n = 1, 2, 3, \cdots) \\ b_{n+1} = -2a_n + 7b_n & \cdots ④ \ (n = 1, 2, 3, \cdots) \end{cases}$$

解説 2：$a_{n+2} - pa_{n+1} + qa_n = 0$（$p$, q は定数）という型の漸化式を導く

③より，
$$b_n = \frac{a_{n+1} - a_n}{4} \quad \cdots ③' \ (n = 1, 2, 3, \cdots).$$
であり，③' の n と記されている箇所をすべて $n+1$ に変えて得られる式は
$$b_{n+1} = \frac{a_{n+2} - a_{n+1}}{4} \cdots ③'' \ (n = 1, 2, 3, \cdots).$$
となる．

③' と ③'' を ④ に代入することにより，
$$\frac{a_{n+2} - a_{n+1}}{4} = -2a_n + 7 \cdot \frac{a_{n+1} - a_n}{4} \ (n = 1, 2, 3, \cdots)$$
すなわち，
$$a_{n+2} - 8a_{n+1} + 15a_n = 0 \ (n = 1, 2, 3, \cdots)$$
という b_n を含まない漸化式を得ることができる．このことから，数列 $\{a_n\}$ の一般項を求めることができ，さらに ③' を利用することで，数列 $\{b_n\}$ の一般項を求めることができる．

このように，2 つ以上の数列が含まれる漸化式において，適切な式変形により 1 つの数列のみの漸化式を導くことができれば，その漸化式によって定まる数列の一般項を求めることができることがある．

解答 2

③より，$b_n = \dfrac{a_{n+1} - a_n}{4} \quad \cdots ③' \ (n = 1, 2, 3, \cdots)$ であり，③' より，
$$b_{n+1} = \frac{a_{n+2} - a_{n+1}}{4} \quad \cdots ③'' \ (n = 1, 2, 3, \cdots).$$

③' と ③'' を ④ に代入することにより，
$$\frac{a_{n+2} - a_{n+1}}{4} = -2a_n + 7 \cdot \frac{a_{n+1} - a_n}{4} \ (n = 1, 2, 3, \cdots)$$

すなわち，
$$a_{n+2} - 8a_{n+1} + 15a_n = 0 \ (n = 1, 2, 3, \cdots).$$
また，③に $n=1$ を代入すると $a_2 = a_1 + 4b_1$ となることから，①，②より，
$$a_2 = 1 + 4 \cdot 3$$
$$= 13.$$
以上のことと①から，
$$a_1 = 1, \ a_2 = 13, \ a_{n+2} - 8a_{n+1} + 15a_n = 0 \ (n = 1, 2, 3, \cdots)$$
である．

$a_{n+2} - 8a_{n+1} + 15a_n = 0 \ (n = 1, 2, 3, \cdots)$ より，
$$\begin{cases} a_{n+2} - 5a_{n+1} = 3(a_{n+1} - 5a_n) \ (n = 1, 2, 3, \cdots), \\ a_{n+2} - 3a_{n+1} = 5(a_{n+1} - 3a_n) \ (n = 1, 2, 3, \cdots). \end{cases}$$
よって，数列 $\{a_{n+1} - 5a_n\}$ は公比が 3 である等比数列であり，数列 $\{a_{n+1} - 3a_n\}$ は公比が 5 である等比数列である．

また，$a_1 = 1, \ a_2 = 13$ より，数列 $\{a_{n+1} - 5a_n\}$ の初項は $a_2 - 5a_1 = 8$.
よって，数列 $\{a_{n+1} - 5a_n\}$ は初項が 8，公比が 3 である等比数列なので，
$$a_{n+1} - 5a_n = 8 \cdot 3^{n-1} \quad \cdots (※) \ (n = 1, 2, 3, \cdots).$$
さらに，$a_1 = 1, \ a_2 = 13$ より，数列 $\{a_{n+1} - 3a_n\}$ の初項は $a_2 - 3a_1 = 10$.
よって，数列 $\{a_{n+1} - 3a_n\}$ は初項が 10，公比が 5 である等比数列なので，
$$a_{n+1} - 3a_n = 10 \cdot 5^{n-1} \ (n = 1, 2, 3, \cdots)$$
すなわち，
$$a_{n+1} - 3a_n = 2 \cdot 5^n \quad \cdots (※※) \ (n = 1, 2, 3, \cdots)$$
(※) − (※※) を整理すると，
$$a_n = -4 \cdot 3^{n-1} + 5^n \ (n = 1, 2, 3, \cdots).$$
このことと③′により，
$$b_n = \frac{(-4 \cdot 3^n + 5^{n+1}) - (-4 \cdot 3^{n-1} + 5^n)}{4} \ (n = 1, 2, 3, \cdots)$$
すなわち，
$$b_n = -2 \cdot 3^{n-1} + 5^n \ (n = 1, 2, 3, \cdots).$$
したがって，
$$a_n = -4 \cdot 3^{n-1} + 5^n, \ b_n = -2 \cdot 3^{n-1} + 5^n \ (n = 1, 2, 3, \cdots).$$

漸化式 $a_{n+1} = \dfrac{pa_n + q}{ra_n + s}$ (p, q, r, s は定数)

例題 17

次のように定義される数列 $\{a_n\}$ がある．

$$a_1 = 4, \quad a_{n+1} = \frac{4a_n - 6}{a_n - 1} \quad (n = 1, 2, 3, \cdots).$$

(1) すべての正の整数 n に対して，$a_n > 3$ であることを証明せよ．
(2) 数列 $\{a_n\}$ の一般項を求めよ．

解説1：分子単項型の漸化式をつくる

$a_{n+1} = \dfrac{4a_n - 6}{a_n - 1}$ …① の右辺を変形すると，$a_{n+1} = \dfrac{(a_n - 3) + 3(a_n - 1)}{a_n - 1}$,

すなわち，$a_{n+1} = \dfrac{a_n - 3}{a_n - 1} + 3$ となることから，

$$a_{n+1} - 3 = \frac{a_n - 3}{(a_n - 3) + 2} \quad \cdots ②$$

と①を変形できることがわかる．$b_n = a_n - 3$ $(n = 1, 2, 3, \cdots)$ とおくと，②は

$$b_{n+1} = \frac{b_n}{b_n + 2} \quad \cdots ③$$

となり，分子単項型の漸化式である③から求まる数列 $\{b_n\}$ の一般項により，数列 $\{a_n\}$ の一般項を求めることができる．

また，①をどのように変形すれば分子単項型の漸化式が得られるかがわからない場合は，$b_n = a_n - \alpha$ (α は定数) とおいて，①を用いて数列 $\{b_n\}$ についての漸化式をつくり，その漸化式が分子単項型になるような α の値を求めるのも有効な手段である．すなわち，$b_n = a_n - \alpha$ とおくと，$a_n = b_n + \alpha$ であるから，①より，$b_{n+1} + \alpha = \dfrac{4(b_n + \alpha) - 6}{(b_n + \alpha) - 1}$, すなわち，

$$b_{n+1} = \frac{(4 - \alpha)b_n - \alpha^2 + 5\alpha - 6}{b_n + \alpha - 1} \quad \cdots ③'$$

となるので，$-\alpha^2 + 5\alpha - 6 = 0$, すなわち，「$\alpha = 2$ または $\alpha = 3$」ならば，③' は分子単項型の漸化式になることがわかる．なお，$\alpha = 3$ を③' に代入すると③が得られる．また，$\alpha = 2$ を③' に代入して得られる分子単項型の漸化式からも数列 $\{a_n\}$ の一般項を求めることができる．

解答 1

(1) すべての正の整数 n に対して，$a_n > 3$ …(∗) が成り立つことを，数学的帰納法により証明する．

(証明)

[Ⅰ] $n = 1$ のとき，$a_1 = 4$ より，(∗) は成り立つ．

[Ⅱ] k を正の整数とする．$n = k$ のとき (∗) が成り立つ，すなわち，$a_k > 3$ であると仮定する．$a_{n+1} = \dfrac{4a_n - 6}{a_n - 1}$ $(n = 1, 2, 3, \cdots)$ より，

$$a_{k+1} - 3 = \dfrac{4a_k - 6}{a_k - 1} - 3$$
$$= \dfrac{a_k - 3}{a_k - 1}.$$

さらに，$a_k > 3$ より $a_k - 3 > 0$，$a_k - 1 > 0$ であるから，$a_{k+1} - 3 > 0$，すなわち，$a_{k+1} > 3$ となるので，$n = k + 1$ のときも (∗) は成り立つ．

[Ⅰ]，[Ⅱ] より，すべての正の整数 n に対して，(∗) は成り立つ．(証明終)

(2) $b_n = a_n - 3$ $(n = 1, 2, 3, \cdots)$ とおくと，$a_{n+1} = \dfrac{4a_n - 6}{a_n - 1}$ $(n = 1, 2, 3, \cdots)$ より $b_{n+1} = \dfrac{b_n}{b_n + 2}$ $(n = 1, 2, 3, \cdots)$ となり，(1) より，すべての正の整数 n に対して，$b_n > 0$ であるから，$\dfrac{1}{b_{n+1}} = \dfrac{b_n + 2}{b_n}$ $(n = 1, 2, 3, \cdots)$.

このことから，$\dfrac{1}{b_{n+1}} + 1 = 2\left(\dfrac{1}{b_n} + 1\right)$ $(n = 1, 2, 3, \cdots)$ となるので，数列 $\left\{\dfrac{1}{b_n} + 1\right\}$ は公比が 2 である等比数列である．さらに，$a_1 = 4$ より $b_1 = 1$ であるから，数列 $\left\{\dfrac{1}{b_n} + 1\right\}$ の初項は $\dfrac{1}{b_1} + 1 = 2$．以上のことから，$\dfrac{1}{b_n} + 1 = 2 \cdot 2^{n-1}$ $(n = 1, 2, 3, \cdots)$，すなわち，$b_n = \dfrac{1}{2^n - 1}$ $(n = 1, 2, 3, \cdots)$．

したがって，$a_n - 3 = \dfrac{1}{2^n - 1}$ $(n = 1, 2, 3, \cdots)$ となるから，

$$a_n = \dfrac{3 \cdot 2^n - 2}{2^n - 1} \ (n = 1, 2, 3, \cdots).$$

例題 17

次のように定義される数列 $\{a_n\}$ がある.

$$a_1 = 4, \quad a_{n+1} = \frac{4a_n - 6}{a_n - 1} \quad (n = 1, 2, 3, \cdots).$$

(1) すべての正の整数 n に対して, $a_n > 3$ であることを証明せよ.

(2) 数列 $\{a_n\}$ の一般項を求めよ.

解説2：等比型の漸化式をつくる

$a_{n+1} = \dfrac{4a_n - 6}{a_n - 1}$ を変形して得られる分子単項型の漸化式として,

$$a_{n+1} - 2 = \frac{2(a_n - 2)}{(a_n - 2) + 1}, \quad a_{n+1} - 3 = \frac{a_n - 3}{(a_n - 3) + 2}$$

の2つがあり，いずれも右辺の分母が $a_n - 1$ であることに着目すると，

$$\frac{a_{n+1} - 2}{a_{n+1} - 3} = \frac{\dfrac{2(a_n - 2)}{(a_n - 2) + 1}}{\dfrac{a_n - 3}{(a_n - 3) + 2}}$$

より, $\dfrac{a_{n+1} - 2}{a_{n+1} - 3} = 2 \cdot \dfrac{a_n - 2}{a_n - 3}$ という等比型の漸化式が得られる.

解答2

(1) すべての正の整数 n に対して, $a_n > 3$ $\cdots(*)$ が成り立つことを，数学的帰納法により証明する.

（証明）

[Ⅰ] $n = 1$ のとき, $a_1 = 4$ より, $(*)$ は成り立つ.

[Ⅱ] k を正の整数とする. $n = k$ のとき $(*)$ が成り立つ，すなわち，$a_k > 3$ であると仮定する. $a_{n+1} = \dfrac{4a_n - 6}{a_n - 1} \ (n = 1, 2, 3, \cdots)$ より,

$$\begin{aligned} a_{k+1} - 3 &= \frac{4a_k - 6}{a_k - 1} - 3 \\ &= \frac{a_k - 3}{a_k - 1}. \end{aligned}$$

さらに, $a_k > 3$ より $a_k - 3 > 0$, $a_k - 1 > 0$ であるから, $a_{k+1} - 3 > 0$,

すなわち，$a_{k+1} > 3$ となるので，$n = k+1$ のときも（＊）は成り立つ．

［Ⅰ］，［Ⅱ］より，すべての正の整数 n に対して，（＊）は成り立つ．（証明終）

(2) (1)より，すべての正の整数 n に対して，$\dfrac{a_n - 2}{a_n - 3}$ を定義できる．このことと $a_{n+1} = \dfrac{4a_n - 6}{a_n - 1}$ $(n = 1, 2, 3, \cdots)$ より，

$$\begin{aligned}\dfrac{a_{n+1} - 2}{a_{n+1} - 3} &= \dfrac{\dfrac{4a_n - 6}{a_n - 1} - 2}{\dfrac{4a_n - 6}{a_n - 1} - 3} \\ &= \dfrac{(4a_n - 6) - 2(a_n - 1)}{(4a_n - 6) - 3(a_n - 1)} \\ &= 2 \cdot \dfrac{a_n - 2}{a_n - 3} \quad (n = 1, 2, 3, \cdots).\end{aligned}$$

よって，数列 $\left\{\dfrac{a_n - 2}{a_n - 3}\right\}$ は公比が 2 である等比数列である．さらに，$a_1 = 4$ より，数列 $\left\{\dfrac{a_n - 2}{a_n - 3}\right\}$ の初項は $\dfrac{a_1 - 2}{a_1 - 3} = 2$ となる．以上のことから，

$$\dfrac{a_n - 2}{a_n - 3} = 2 \cdot 2^{n-1} \quad (n = 1, 2, 3, \cdots).$$

したがって，$a_n = \dfrac{3 \cdot 2^n - 2}{2^n - 1}$ $(n = 1, 2, 3, \cdots)$．

（参考） p, q, r, s を定数とする．$a_{n+1} = \dfrac{pa_n + q}{ra_n + s}$ $(n = 1, 2, 3, \cdots)$ …（※）により定まる数列 $\{a_n\}$ が存在するとき，$b_n = a_n - \alpha$ $(n = 1, 2, 3, \cdots)$ $(\alpha$ は定数$)$ とおくと，$a_n = b_n + \alpha$ $(n = 1, 2, 3, \cdots)$ であるから，（※）より，

$$b_{n+1} + \alpha = \dfrac{p(b_n + \alpha) + q}{r(b_n + \alpha) + s} \quad (n = 1, 2, 3, \cdots)$$

すなわち，

$$b_{n+1} = \dfrac{(p - r\alpha)b_n + p\alpha + q - \alpha(r\alpha + s)}{rb_n + r\alpha + s} \quad (n = 1, 2, 3, \cdots) \quad \cdots (※※)$$

となるので，$p\alpha + q - \alpha(r\alpha + s) = 0$，すなわち，$\alpha = \dfrac{p\alpha + q}{r\alpha + s}$ を満たす α の値が求まれば，（※※）より，数列 $\{b_n\}$ についての分子単項型の漸化式が得られ，さらに，その α の値がちょうど 2 つ存在するとき，その 2 つの値を α_1, α_2 とすると，数列 $\left\{\dfrac{a_n - \alpha_1}{a_n - \alpha_2}\right\}$ は等比数列になる．

（補足）グラフの平行移動により分子単項型の漸化式を得る

p, q, r, s を定数とし，$r \neq 0$ かつ $ps \neq qr$ とする．このとき，関数 $y = \dfrac{px+q}{rx+s}$ のグラフは双曲線になる．そして，分子単項型の漸化式である $a_{n+1} = \dfrac{pa_n}{ra_n+s}$ を表すグラフは双曲線 $y = \dfrac{px}{rx+s}$ であり，この双曲線は原点を通る．以上のことを踏まえて，分数型の漸化式である

$$a_{n+1} = \dfrac{4a_n - 6}{a_n - 1}$$

から分子単項型の漸化式を得る方法を漸化式を表す図を利用して考察してみることにする．

まず，$a_{n+1} = \dfrac{4a_n - 6}{a_n - 1}$ を表すグラフは双曲線 $y = \dfrac{4x-6}{x-1}$ である．このことから，$a_{n+1} = \dfrac{4a_n - 6}{a_n - 1}$ を表す図は次のようになる．なお，双曲線 $y = \dfrac{4x-6}{x-1}$ と直線 $y = x$ の交点の1つを点Pとし，点Pの座標を (α, α)（α は定数）とおくことにする．

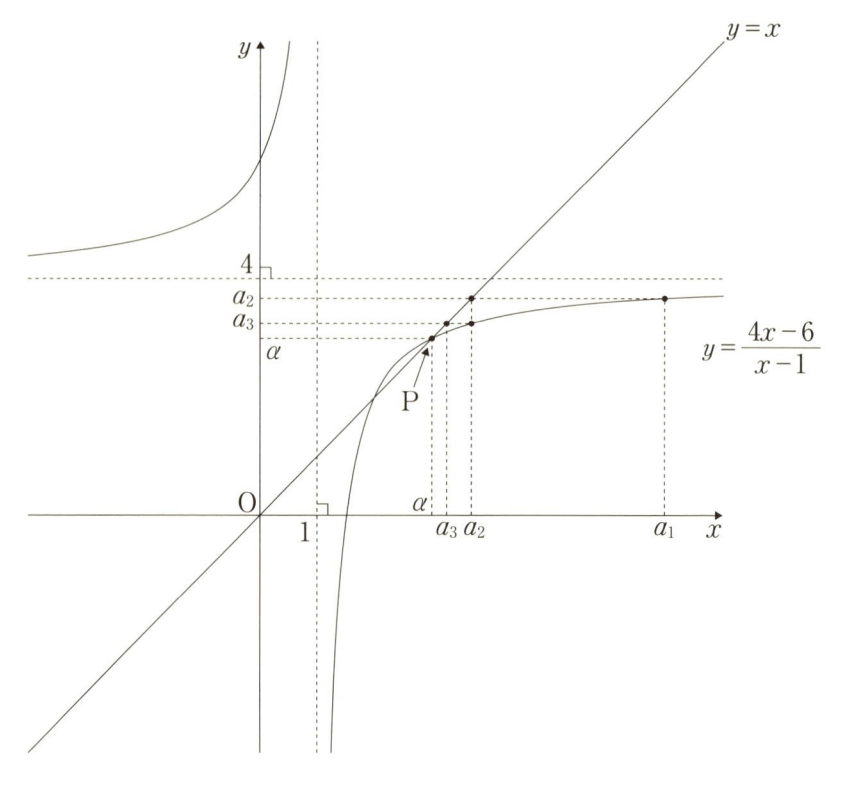

ここで，分子単項型の漸化式を表すグラフが原点を通ることに着目すると，

$$x \text{軸方向の移動量と} y \text{軸方向の移動量が等しい}$$

という条件のもとで

双曲線 $y = \dfrac{4x-6}{x-1}$ を原点を通る双曲線になるように平行移動

することにより，$a_{n+1} = \dfrac{4a_n - 6}{a_n - 1}$ を表す図から分子単項型の漸化式を表す図を得ることができる．すなわち，点 P を原点に移すように，双曲線 $y = \dfrac{4x-6}{x-1}$ を平行移動することで，$a_{n+1} = \dfrac{4a_n - 6}{a_n - 1}$ を表す図から分子単項型の漸化式を表す図が得られることがわかり，その図は次のようになる．

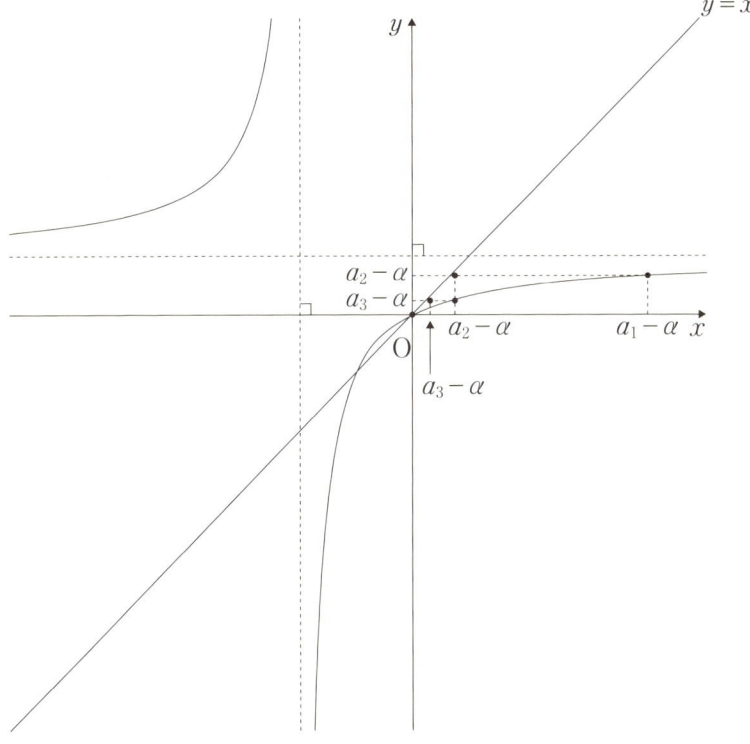

この図から，$b_n = a_n - \alpha$ ($n = 1, 2, 3, \cdots$) とおくと，数列 $\{b_n\}$ についての漸化式が分子単項型になることがわかる．また，点 $\mathrm{P}(\alpha, \alpha)$ は双曲線 $y = \dfrac{4x-6}{x-1}$ 上の点であるから，$\alpha = \dfrac{4\alpha - 6}{\alpha - 1}$ を α について解くことで α の値が求められる．

第3章の例題で学んだ内容のまとめ

例題 13

数列 $\{a_n\}$ についての漸化式で，数列 $\{a_n\}$ の初項から第 n 項までの和 S_n を含むものは，$S_{n+1} - S_n = a_{n+1}$ $(n = 1, 2, 3, \cdots)$ を用いて S_n を含まない漸化式を得ることと，$S_1 = a_1$ を用いて数列 $\{a_n\}$ の初項などの項の値を求めることが，数列 $\{a_n\}$ の一般項を求めるうえでの手がかりとなる．

例題 14

$a_{n+1} = \dfrac{pa_n}{ra_n + s}$ $(n = 1, 2, 3, \cdots)$ により定まる数列 $\{a_n\}$ の一般項を求めるときは，$a_{n+1} = \dfrac{pa_n}{ra_n + s}$ の両辺の逆数をとることが有効である．

例題 15

$r > 0$ とする．$a_{n+1} = ra_n^k$ $(n = 1, 2, 3, \cdots)$ により定まる数列 $\{a_n\}$ の一般項を求めるときは，$a_{n+1} = ra_n^k$ の両辺の対数をとることが有効である．

例題 16

p, q, r, s を定数とする．
$$\begin{cases} a_{n+1} = pa_n + qb_n & (n = 1, 2, 3, \cdots) \\ b_{n+1} = ra_n + sb_n & (n = 1, 2, 3, \cdots) \end{cases}$$
により定まる数列 $\{a_n\}$ の一般項と数列 $\{b_n\}$ の一般項を求めるためには，次のような手段が有効である．

- $a_{n+1} - \alpha b_{n+1} = r(a_n - \alpha b_n)$ $(n = 1, 2, 3, \cdots)$ となるような定数 α, r の組を見つける．
- $a_{n+2} - p'a_{n+1} + q'a_n = 0$ $(p', q'$ は定数) という型の漸化式を導く．

例題 17

p, q, r, s を定数とする．$a_{n+1} = \dfrac{pa_n + q}{ra_n + s}$ $(n = 1, 2, 3, \cdots)$ により定まる数列 $\{a_n\}$ の一般項は，$b_n = a_n - \alpha$ $(n = 1, 2, 3, \cdots)$ とおいて数列 $\{b_n\}$ についての漸化式を導くことにより求められる．ただし，α は $\alpha = \dfrac{p\alpha + q}{r\alpha + s}$ を満たす定数である．

第4章
漸化式の活用

~第4章で学ぶ内容~

第4章では漸化式の活用についての3題の例題を学ぶ．

例題 18：漸化式を立てて解く問題
例題 19：数学的帰納法と漸化式
例題 20：漸化式で定まる数列の極限

例題18では，漸化式を立てて問題を解くということを学ぶ．

例題19では，さまざまなタイプの漸化式に応じて適切に数学的帰納法を用いることを学ぶ．

例題20では，漸化式から数列の一般項を求めずに数列の極限を求める方法を学ぶ．なお，例題20を学ぶためには，数学Ⅲの「数列の極限」の知識が必要となる．

第4章　漸化式の活用

例題 18

n を正の整数とする．さいころを n 回投げるとき，3 の倍数の目が出る回数が奇数である確率を p_n とおく．p_n を n を用いて表せ．

例題 19

(1) $a_1=2$, $a_2=4$, $a_{n+2}=2a_{n+1}+4a_n$ ($n=1, 2, 3, \cdots$) により定義される数列 $\{a_n\}$ がある．すべての正の整数 n に対して，a_n は 2^n の倍数であることを証明せよ．

(2) $a_1=2$, $a_{n+1}=\dfrac{1}{n}\sum_{l=1}^{n}a_l^2$ ($n=1, 2, 3, \cdots$) により定義される数列 $\{a_n\}$ がある．すべての正の整数 n に対して，$a_n>1$ であることを証明せよ．

例題 20

次のように定義される数列 $\{a_n\}$ がある．
$$a_1=6, \quad a_{n+1}=\sqrt{a_n+6} \ (n=1, 2, 3, \cdots).$$

(1) すべての正の整数 n に対して，$a_n>3$ であることを証明せよ．

(2) すべての正の整数 n に対して，$a_{n+1}-3<\dfrac{1}{7}(a_n-3)$ であることを証明せよ．

(3) $\displaystyle\lim_{n\to\infty} a_n$ を求めよ．

漸化式を立てて解く問題

例題 18

n を正の整数とする．さいころを n 回投げるとき，3 の倍数の目が出る回数が奇数である確率を p_n とおく．p_n を n を用いて表せ．

解説1：「n 回目」から「$(n+1)$ 回目」への推移に注目する

さいころを $(n+1)$ 回投げるとき，3 の倍数の目が出る回数が奇数であるという結果は，n 回目までに 3 の倍数の目が出る回数が奇数であるか否かに着目することで，次のようにして得られる．

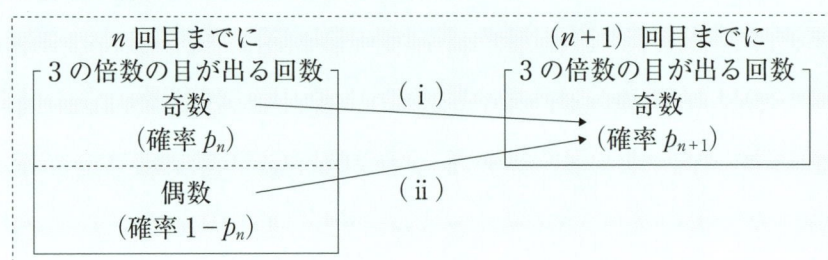

```
 n 回目までに                    (n+1) 回目までに
 3の倍数の目が出る回数           3の倍数の目が出る回数
   奇数          (ⅰ)              奇数
  （確率 p_n）    ─────→         （確率 p_{n+1}）
   偶数          (ⅱ)
  （確率 1-p_n）
```

（ⅰ）：$(n+1)$ 回目に 3 の倍数の目が出ない $\left(\text{確率 } \dfrac{2}{3}\right)$

（ⅱ）：$(n+1)$ 回目に 3 の倍数の目が出る $\left(\text{確率 } \dfrac{1}{3}\right)$

このことから，
$$p_{n+1} = p_n \cdot \frac{2}{3} + (1-p_n) \cdot \frac{1}{3} \ (n=1,2,3,\cdots)$$
すなわち，
$$p_{n+1} = \frac{1}{3}p_n + \frac{1}{3} \ (n=1,2,3,\cdots)$$
となるので，この漸化式と p_1 の値から，p_n を求めることができる．

このように，$(n+1)$ 回目における結果が，$(n+1)$ 回目の直前である n 回目が終わったときの状況から得られるときは，**n 回目が終わったときの状況から $(n+1)$ 回目における結果が得られるまでの推移を認識して，漸化式を立てる**ことで，与えられた状況を把握することができる．

▶ **解答1** ◀

さいころを1回投げるとき，3の倍数の目が出る確率は $\dfrac{2}{6}=\dfrac{1}{3}$，3の倍数の目が出ない確率は $\dfrac{4}{6}=\dfrac{2}{3}$．

ここで，さいころを $(n+1)$ 回投げるとき，3の倍数の目が出る回数が奇数となるのは，次の（ⅰ），（ⅱ）のいずれかの場合である．

（ⅰ） 1回目から n 回目までにおいて，3の倍数の目が出る回数が奇数であり，かつ，$(n+1)$ 回目に出るさいころの目が3の倍数でない．

（ⅱ） 1回目から n 回目までにおいて，3の倍数の目が出る回数が偶数であり，かつ，$(n+1)$ 回目に出るさいころの目が3の倍数である．

（ⅰ）と（ⅱ）は互いに排反であるから，
$$p_{n+1} = p_n \cdot \dfrac{2}{3} + (1-p_n) \cdot \dfrac{1}{3} \, (n=1,2,3,\cdots)$$
すなわち，
$$p_{n+1} = \dfrac{1}{3}p_n + \dfrac{1}{3} \, (n=1,2,3,\cdots).$$

また，さいころを1回投げるとき，3の倍数の目が出る回数が奇数となるのは，「さいころを1回投げるときに3の倍数の目が出る」場合であるから，$p_1 = \dfrac{1}{3}$．

以上のことから，$p_1 = \dfrac{1}{3}$，$p_{n+1} = \dfrac{1}{3}p_n + \dfrac{1}{3} \, (n=1,2,3,\cdots)$ である．

$p_{n+1} = \dfrac{1}{3}p_n + \dfrac{1}{3} \, (n=1,2,3,\cdots)$ より，
$$p_{n+1} - \dfrac{1}{2} = \dfrac{1}{3}\left(p_n - \dfrac{1}{2}\right) (n=1,2,3,\cdots)$$
であるから，数列 $\left\{p_n - \dfrac{1}{2}\right\}$ は公比が3である等比数列である．さらに，$p_1 = \dfrac{1}{3}$ より，数列 $\left\{p_n - \dfrac{1}{2}\right\}$ の初項は $p_1 - \dfrac{1}{2} = -\dfrac{1}{6}$．以上のことから，
$$p_n - \dfrac{1}{2} = -\dfrac{1}{6} \cdot \left(\dfrac{1}{3}\right)^{n-1} (n=1,2,3,\cdots).$$
したがって，$p_n = \dfrac{1}{2}\left\{1 - \left(\dfrac{1}{3}\right)^n\right\} (n=1,2,3,\cdots)$．

例題 18

n を正の整数とする．さいころを n 回投げるとき，3 の倍数の目が出る回数が奇数である確率を p_n とおく．p_n を n を用いて表せ．

解説 2：「1 回目の結果」の違いで生じる場合分けに注目する

さいころを $(n+1)$ 回投げるとき，3 の倍数の目が出る回数が奇数であるという結果は，1 回目に 3 の倍数の目が出たか否かに着目することで，次のようにして得られる．

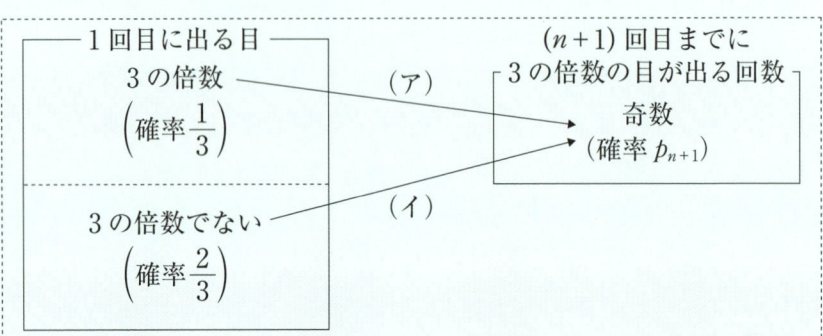

```
┌─ 1回目に出る目 ─┐                    ┌─ (n+1)回目までに ─┐
    3の倍数           (ア)                  3の倍数の目が出る回数
  (確率 1/3)       ────────→                    奇数
                                            (確率 p_{n+1})
    ┄┄┄┄┄┄┄┄┄┄
    3の倍数でない       (イ)
  (確率 2/3)
```

(ア)：2 回目から $(n+1)$ 回目までに 3 の倍数の目が出る回数が偶数
(イ)：2 回目から $(n+1)$ 回目までに 3 の倍数の目が出る回数が奇数

2 回目から $(n+1)$ 回目までにさいころを投げる回数は n であるから，2 回目から $(n+1)$ 回目までにおいて，

3 の倍数の目が出る回数が偶数である確率は $1-p_n$，

3 の倍数の目が出る回数が奇数である確率は p_n

となることに注意すると，

$$p_{n+1} = \frac{1}{3} \cdot (1-p_n) + \frac{2}{3} \cdot p_n \quad (n=1, 2, 3, \cdots)$$

すなわち，

$$p_{n+1} = \frac{1}{3} p_n + \frac{1}{3} \quad (n=1, 2, 3, \cdots)$$

となるので，この漸化式と p_1 の値から，p_n を求めることができる．

このように，与えられた状況において，**1 回目の結果の違いに着目することで，漸化式が立てられる**とわかるときは，漸化式を立てることにより，その状況を把握することができる．

▶解答2◀

さいころを1回投げるとき，3の倍数の目が出る確率は $\dfrac{2}{6} = \dfrac{1}{3}$，3の倍数の目が出ない確率は $\dfrac{4}{6} = \dfrac{2}{3}$．

ここで，さいころを $(n+1)$ 回投げるとき，3の倍数の目が出る回数が奇数となるのは，次の（ア），（イ）のいずれかの場合である．

(ア) 1回目に出るさいころの目が3の倍数であり，かつ，2回目から $(n+1)$ 回目までにおいて，3の倍数の目が出る回数が偶数である．

(イ) 1回目に出るさいころの目が3の倍数でなく，かつ，2回目から $(n+1)$ 回目までにおいて，3の倍数の目が出る回数が奇数である．

(ア) と (イ) は互いに排反であるから，

$$p_{n+1} = \dfrac{1}{3} \cdot (1 - p_n) + \dfrac{2}{3} \cdot p_n \quad (n = 1, 2, 3, \cdots)$$

すなわち，

$$p_{n+1} = \dfrac{1}{3} p_n + \dfrac{1}{3} \quad (n = 1, 2, 3, \cdots)$$

また，さいころを1回投げるとき，3の倍数の目が出る回数が奇数となるのは，「さいころを1回投げるときに3の倍数の目が出る」場合であるから，$p_1 = \dfrac{1}{3}$．

以上のことから，$p_1 = \dfrac{1}{3}$，$p_{n+1} = \dfrac{1}{3} p_n + \dfrac{1}{3} \quad (n = 1, 2, 3, \cdots)$ である．

$p_{n+1} = \dfrac{1}{3} p_n + \dfrac{1}{3} \quad (n = 1, 2, 3, \cdots)$ より，

$$p_{n+1} - \dfrac{1}{2} = \dfrac{1}{3}\left(p_n - \dfrac{1}{2}\right) \quad (n = 1, 2, 3, \cdots)$$

であるから，数列 $\left\{p_n - \dfrac{1}{2}\right\}$ は公比が3である等比数列である．さらに，$p_1 = \dfrac{1}{3}$ より，数列 $\left\{p_n - \dfrac{1}{2}\right\}$ の初項は $p_1 - \dfrac{1}{2} = -\dfrac{1}{6}$．以上のことから，

$$p_n - \dfrac{1}{2} = -\dfrac{1}{6} \cdot \left(\dfrac{1}{3}\right)^{n-1} \quad (n = 1, 2, 3, \cdots).$$

したがって，$p_n = \dfrac{1}{2}\left\{1 - \left(\dfrac{1}{3}\right)^n\right\} \quad (n = 1, 2, 3, \cdots)$．

数学的帰納法と漸化式

例題 19

(1) $a_1=2$, $a_2=4$, $a_{n+2}=2a_{n+1}+4a_n$ $(n=1, 2, 3, \cdots)$ により定義される数列 $\{a_n\}$ がある．すべての正の整数 n に対して，a_n は 2^n の倍数であることを証明せよ．

(2) $a_1=2$, $a_{n+1}=\dfrac{1}{n}\sum_{l=1}^{n}a_l^2$ $(n=1, 2, 3, \cdots)$ により定義される数列 $\{a_n\}$ がある．すべての正の整数 n に対して，$a_n>1$ であることを証明せよ．

解説

漸化式により定まる数列に関する命題が真であることを証明するときは，数学的帰納法を利用するのが効果的である場合が多い．

(1)の漸化式は a_{n+2} がその前の2つの項である a_n, a_{n+1} により定まるという構造をしているので，**数学的帰納法を次のように用いると，(1)を示すことができる．**

[Ⅰ] $n=1$ のときと $n=2$ のときに成り立つことを示す．

[Ⅱ] $n=k$ のときと $n=k+1$ のときに成り立つと仮定したとき，$n=k+2$ のときも成り立つことを示す．

(2)の漸化式は a_{n+1} が a_1, a_2, a_3, $\cdots$, a_n というその前の項すべてにより，定まるという構造をしているので，**数学的帰納法を次のように用いると，(2)を示すことができる．**

(Ⅰ) $n=1$ のときに成り立つことを示す．

(Ⅱ) $n=1$ のとき，$n=2$ のとき，$n=3$ のとき，$\cdots$，$n=m$ のときのいずれにおいても成り立つと仮定したとき，$n=m+1$ のときも成り立つことを示す．

このように，数学的帰納法により命題が真であることを証明するときは，上記のⅡにおいてどのような仮定をすれば証明ができるのかを，命題の内容に応じて判断することが重要である．

── ▶ 解答 ◀──

(1) すべての正の整数 n に対して,「a_n は 2^n の倍数である …(∗)」ことを,数学的帰納法により証明する.

（証明）

[Ⅰ] $n=1$ のとき,$a_1=2$,すなわち,$a_1=2^1$ より,(∗) は成り立つ.
$n=2$ のとき,$a_2=4$,すなわち,$a_2=2^2$ より,(∗) は成り立つ.

[Ⅱ] k を正の整数とする.$n=k$ のときと $n=k+1$ のときに (∗) が成り立つ,すなわち,
$$a_k=2^k M,\ a_{k+1}=2^{k+1} N\ (M,\ N は整数)$$
と表されると仮定する.$a_{n+2}=2a_{n+1}+4a_n\ (n=1,2,3,\cdots)$ より,
$$\begin{aligned} a_{k+2} &= 2a_{k+1}+4a_k \\ &= 2\cdot 2^{k+1}N + 4\cdot 2^k M \\ &= 2^{k+2}(N+M) \end{aligned}$$
であり,さらに,$M,\ N$ が整数より $N+M$ も整数であるから,a_{k+2} は 2^{k+2} の倍数となるので,$n=k+2$ のときも (∗) は成り立つ.

[Ⅰ], [Ⅱ] より,すべての正の整数 n に対して,(∗) は成り立つ.（証明終）

(2) すべての正の整数 n に対して,$a_n>1$ …(∗∗) が成り立つことを,数学的帰納法により証明する.

（証明）

(Ⅰ) $n=1$ のとき,$a_1=2$ より,(∗∗) は成り立つ.

(Ⅱ) m を正の整数とする.$n\leq m$ を満たすすべての正の整数 n に対して,(∗∗) が成り立つ,すなわち,
$$a_n>1\ (n=1,2,3,\cdots,m)\ \cdots(※)$$
であると仮定する.

$a_{n+1}=\dfrac{1}{n}\sum_{l=1}^{n}a_l^2\ (n=1,2,3,\cdots)$ より,$a_{m+1}=\dfrac{1}{m}\sum_{l=1}^{m}a_l^2$ であり,さらに,(※) より,$\dfrac{1}{m}\sum_{l=1}^{m}a_l^2 > \dfrac{1}{m}\sum_{l=1}^{m}1^2$,すなわち,$\dfrac{1}{m}\sum_{l=1}^{m}a_l^2 > 1$ であるから,$a_{m+1}>1$ となる.したがって,$n=m+1$ のときも (∗∗) は成り立つ.

(Ⅰ), (Ⅱ) より,すべての正の整数 n に対して,(∗∗) は成り立つ.（証明終）

漸化式で定まる数列の極限

例題 20

次のように定義される数列 $\{a_n\}$ がある．
$$a_1=6,\quad a_{n+1}=\sqrt{a_n+6}\ (n=1,2,3,\cdots).$$
(1) すべての正の整数 n に対して，$a_n>3$ であることを証明せよ．
(2) すべての正の整数 n に対して，$a_{n+1}-3<\dfrac{1}{7}(a_n-3)$ であることを証明せよ．
(3) $\displaystyle\lim_{n\to\infty}a_n$ を求めよ．

解説

(1)から(3)までの過程を辿ると，数列 $\{a_n\}$ の一般項を求めることなく，$\displaystyle\lim_{n\to\infty}a_n$ を求めることができる．

(2)の不等式は，$\sqrt{a_n+6}-3=\dfrac{(\sqrt{a_n+6}-3)(\sqrt{a_n+6}+3)}{\sqrt{a_n+6}+3}$ であることに着目した

$$\begin{aligned}a_{n+1}-3&=\sqrt{a_n+6}-3\\&=\dfrac{(\sqrt{a_n+6}-3)(\sqrt{a_n+6}+3)}{\sqrt{a_n+6}+3}\\&=\dfrac{a_n-3}{\sqrt{a_n+6}+3}\end{aligned}$$

という変形により得られる．そして，(2)の不等式から，十分大きい n の値（例えば，$n\geq 4$ を満たす n の値など）に対して，

$$a_n-3<\dfrac{1}{7}(a_{n-1}-3)<\dfrac{1}{7}\cdot\dfrac{1}{7}(a_{n-2}-3)<\cdots<\left(\dfrac{1}{7}\right)^{n-1}(a_1-3)$$

となることがわかり，このことと(1)により，十分大きい n の値に対して，

$$0<a_n-3<3\cdot\left(\dfrac{1}{7}\right)^{n-1}$$

という不等式が得られる．

以上のことから，数列 $\{a_n\}$ の一般項を求めることなく，$\displaystyle\lim_{n\to\infty}a_n=3$ となることがわかる．

▶解答◀

(1) すべての正の整数 n に対して，$a_n > 3$ …(∗) が成り立つことを，数学的帰納法により証明する．

(証明)

[Ⅰ] $n=1$ のとき，$a_1 = 6$ より，(∗) は成り立つ．

[Ⅱ] k を正の整数とする．$n=k$ のとき (∗) が成り立つ，すなわち，
$$a_k > 3 \quad \cdots(**)$$
であると仮定する．$a_{n+1} = \sqrt{a_n + 6}\ (n=1, 2, 3, \cdots)$ より，
$$a_{k+1} = \sqrt{a_k + 6}.$$
さらに，(∗∗) より $\sqrt{a_k + 6} > \sqrt{3+6}$ であるから，$a_{k+1} > 3$ となるので，$n=k+1$ のときも (∗) は成り立つ．

[Ⅰ], [Ⅱ] より，すべての正の整数 n に対して，(∗) は成り立つ．(証明終)

(2) (証明)

$a_{n+1} = \sqrt{a_n + 6}\ (n=1, 2, 3, \cdots)$ より，
$$a_{n+1} - 3 = \sqrt{a_n + 6} - 3$$
$$= \frac{1}{\sqrt{a_n + 6} + 3} \cdot (a_n - 3)\ (n=1, 2, 3, \cdots) \quad \cdots ①.$$

(1) より，すべての正の整数 n に対して，$a_n > 3$ が成り立つから，
$$\frac{1}{\sqrt{a_n + 6} + 3} \cdot (a_n - 3) < \frac{1}{\sqrt{3+6} + 4} \cdot (a_n - 3)\ (n=1, 2, 3, \cdots)$$

となるので，このことと①より，すべての正の整数 n に対して，
$$a_{n+1} - 3 < \frac{1}{7}(a_n - 3). \quad (証明終)$$

(3) $n \geq 4$ とする．(2) より，
$$a_n - 3 < \frac{1}{7}(a_{n-1} - 3) < \frac{1}{7} \cdot \frac{1}{7}(a_{n-2} - 3) < \cdots < \left(\frac{1}{7}\right)^{n-1}(a_1 - 3).$$

このことと $a_1 = 6$，および，(1) より $a_n - 3 > 0$ であることから，
$$0 < a_n - 3 < 3 \cdot \left(\frac{1}{7}\right)^{n-1} \quad \cdots ②.$$

$\lim_{n \to \infty} 0 = 0$，$\lim_{n \to \infty} 3 \cdot \left(\frac{1}{7}\right)^{n-1} = 0$ であるから，② より，$\lim_{n \to \infty} (a_n - 3) = 0$．

したがって，$\lim_{n \to \infty} a_n = \mathbf{3}$.

（補足）漸化式を表す図と数列の極限

$a_{n+1} = \sqrt{a_n + 6}$ を表す図は次のようになる．なお，$y = \sqrt{x+6}$ のグラフと直線 $y = x$ の交点を点 P とし，点 P の座標を (α, α)（α は定数）とおくことにする．また，座標が (a_n, a_{n+1}) である点を A_n とする．

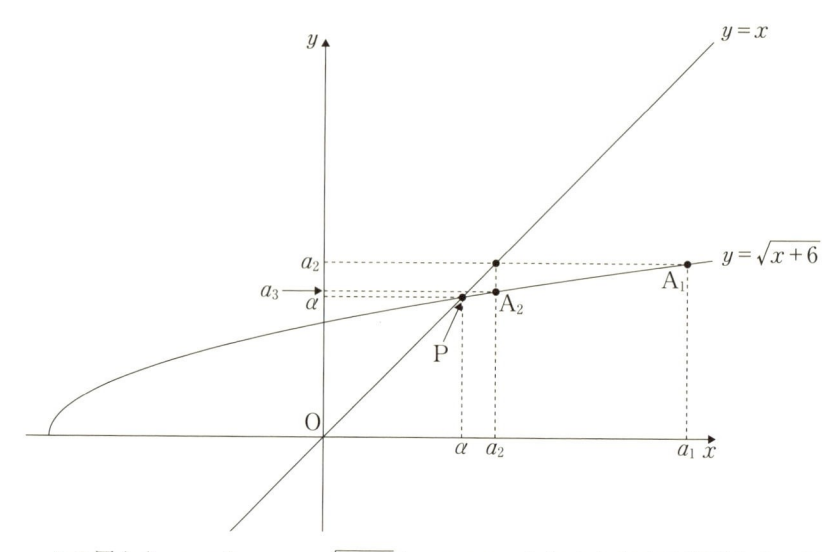

この図から，$a_1 = 6$，$a_{n+1} = \sqrt{a_n + 6}$（$n = 1, 2, 3, \cdots$）により定まる数列 $\{a_n\}$ の極限に関するさまざまなイメージをすることができる．

まず，n の値を大きくしていくと，点 A_n が点 P に近づいていくことがイメージされ，このことから $\lim_{n \to \infty} a_n = \alpha$ となることが予想される．ここで，点 P (α, α) は $y = \sqrt{x+6}$ のグラフ上の点であるから，$\alpha = \sqrt{\alpha + 6}$ を α について解くことにより，$\alpha = 3$ であるとわかる．

したがって，$a_{n+1} = \sqrt{a_n + 6}$ **を表す図から，α を $\alpha = \sqrt{\alpha + 6}$ を満たす定数とすると，$\lim_{n \to \infty} a_n = \alpha$ となることが予想できる**．このようにして，漸化式を表す図から，数列の極限を予想することができる．なお，上記の図から，すべての正の整数 n に対して，$a_n > \alpha$，すなわち，$a_n > 3$ であることも予想される（この予想は数学的帰納法により証明することができる）．

例題 **20**

次に，$\lim_{n\to\infty} a_n = \alpha$ という予想が正しいことを示すべく，$a_n - \alpha$ についての不等式を作ることを試みる．そして，**直線 PA_n の傾きをイメージすることで，$a_n - \alpha$ について不等式をつくるための方針が見えてくることもある**．

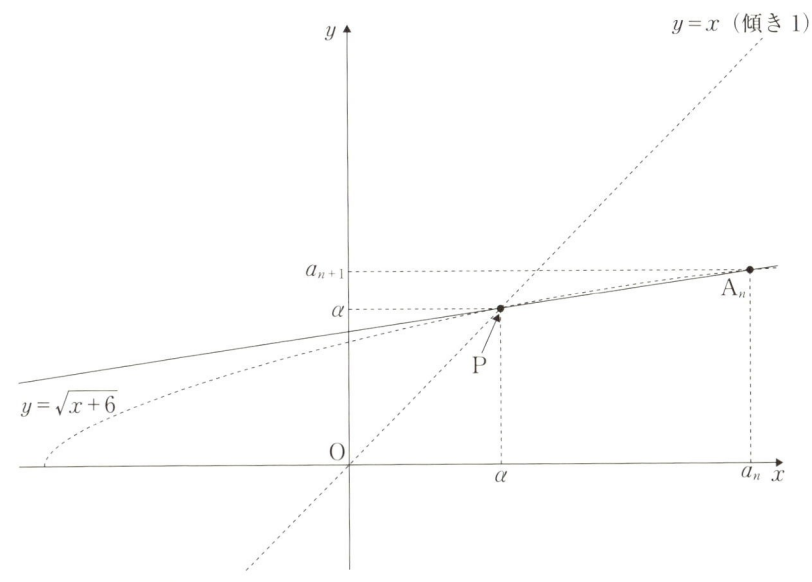

$a_{n+1} = \sqrt{a_n + 6}$ を表す図から，n がどんな正の整数であっても，直線 PA_n の傾きが 1 より小さくなることがイメージされる．$\alpha = 3$ であることを踏まえて，実際に直線 PA_n の傾きを計算してみると，

$$\begin{aligned}
\frac{a_{n+1} - \alpha}{a_n - \alpha} &= \frac{\sqrt{a_n + 6} - 3}{a_n - 3} \\
&= \frac{(\sqrt{a_n + 6} - 3)(\sqrt{a_n + 6} + 3)}{(a_n - 3)(\sqrt{a_n + 6} + 3)} \\
&= \frac{(\sqrt{a_n + 6})^2 - 3^2}{(a_n - 3)(\sqrt{a_n + 6} + 3)} \\
&= \frac{a_n - 3}{(a_n - 3)(\sqrt{a_n + 6} + 3)} \\
&= \frac{1}{\sqrt{a_n + 6} + 3}
\end{aligned}$$

となり，$a_n > 3$ $(n = 1, 2, 3, \cdots)$ であることから，

$$\frac{a_{n+1} - 3}{a_n - 3} < \frac{1}{7}$$

となるので，直線 PA_n の傾きが 1 より小さいというイメージが正しいことがわかる．さらに，この不等式から，

$$a_{n+1}-3<\frac{1}{7}(a_n-3)$$

となり，このことから，十分大きい n の値に対して，

$$0<a_n-3<\left(\frac{1}{7}\right)^{n-1}(a_1-3)$$

が成り立ち，この不等式により，$\lim_{n\to\infty} a_n=3$ となる．

このようにして，$\lim_{n\to\infty} a_n=\alpha$ という予想が正しいことが示される．

以上のことから，x のみが変数である関数 $f(x)$ があり，$a_{n+1}=f(a_n)$ $(n=1, 2, 3, \cdots)$ により定まる数列 $\{a_n\}$ に対して，数列 $\{a_n\}$ の一般項を求めることなく，$\lim_{n\to\infty} a_n$ を求める過程をまとめると，次のようになる．

α を $\alpha=f(\alpha)$ を満たす定数とすると，この α の値が数列 $\{a_n\}$ の極限値と思われる値である．このことを踏まえて，$|a_{n+1}-\alpha|\leqq r|a_n-\alpha|$ となる定数 r で，$0\leqq r<1$ を満たすものを，漸化式を利用した式変形などにより，見つける．そのような r の値が見つかったら，十分大きい n の値に対して，

$$0\leqq|a_n-\alpha|\leqq r|a_{n-1}-\alpha|\leqq r\cdot r|a_{n-2}-\alpha|\leqq\cdots\leqq r^{n-1}|a_1-\alpha|$$

が成り立つことから，$|a_n-\alpha|$ についての不等式

$$0\leqq|a_n-\alpha|\leqq r^{n-1}|a_1-\alpha|$$

が成り立つ．この不等式と $\lim_{n\to\infty} 0=0$，および，$\lim_{n\to\infty} r^{n-1}|a_1-\alpha|=0$ であることから，$\lim_{n\to\infty}|a_n-\alpha|=0$，すなわち，$\lim_{n\to\infty} a_n=\alpha$ となることがわかる．

第 4 章の例題で学んだ内容のまとめ

例題 18

n 回目の状況から $(n+1)$ 回目における結果への推移か，1 回目の結果による状況の違いに着目できるものには漸化式を立ててアプローチするとよい．

例題 19

示すべき命題によっては，数学的帰納法の仮定を変える必要がある．

例題 20

$|a_{n+1}-\alpha| \leqq r|a_n-\alpha|$（$\alpha$ は定数，r は $0 \leqq r \leqq 1$ を満たす定数）という不等式をつくることで $\lim_{n \to \infty} a_n = \alpha$ となることが示される．

演習問題

演習 1

次のように定義される数列 $\{a_n\}$ の一般項を求めよ.
$$a_1 = 1, \quad a_{n+1} = (n+1)a_n \ (n = 1, 2, 3, \cdots).$$

演習 2

次のように定義される数列 $\{a_n\}$ がある.
$$a_1 = \frac{1}{2}, \quad a_{n+1} = 3a_n - 2n^2 - 2n + 1 \ (n = 1, 2, 3, \cdots).$$

(1) すべての正の整数 n に対して,
$$a_{n+1} - \{\alpha(n+1)^2 + \beta(n+1) + \gamma\} = 3\{a_n - (\alpha n^2 + \beta n + \gamma)\}$$
が成り立つような定数 α, β, γ の値の組を 1 つ求めよ.

(2) 数列 $\{a_n\}$ を一般項を求めよ.

演習 3

数列 $\{a_n\}$ の初項から第 n 項までの和を S_n とする. 次のように定義される数列 $\{a_n\}$ の一般項を求めよ.
$$a_1 = 1, \quad a_{n+1} = 15a_n - 8S_n + 6 \ (n = 1, 2, 3, \cdots).$$

演習 4

次のように定義される数列 $\{a_n\}$ がある.
$$a_1 = 2, \ a_2 = 18, \ a_{n+2} - 8a_{n+1} + 16a_n = 9n - 6 \ (n = 1, 2, 3, \cdots).$$

(1) $f(n+2) - 8f(n+1) + 16f(n) = 9n - 6$ が n についての恒等式となるような 1 次式 $f(n)$ を求めよ.

(2) 数列 $\{a_n\}$ の一般項を求めよ.

演習 5

xy 平面上において,点 $(1, 1)$ を中心とする半径 1 の円を C とする.さらに,C に外接し,x 軸に接する半径 1 の円のうち,中心が第 1 象限にあるものを C_1 とする.

以下,正の整数 n に対して,C と C_n の両方に外接し,x 軸に接する円を C_{n+1} とする.

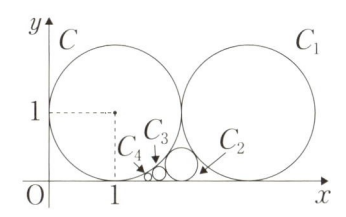

C_n の半径を r_n とするとき,r_n を n を用いて表せ.

演習 6

aa と刻まれたスタンプ A,bb と刻まれたスタンプ B,c と刻まれたスタンプ C があり,これらの 3 つのスタンプを左から右へ押していき,文字列をつくる.なお,同じスタンプを何回押してもよい.

例えば,スタンプ B,スタンプ A,スタンプ C,スタンプ A の順にスタンプを押した場合,$bbaacaa$ という 7 文字の文字列ができる.

n 文字の文字列ができるように 3 つのスタンプを押していくとき,スタンプを押す順序は全部で何通りあるか.ただし,n は正の整数である.

演習問題

演習 7

袋の中に1と書かれたカード，2と書かれたカード，3と書かれたカード，Eと書かれたカードの計4枚のカードが入っている．このとき，AとBの2人が次の［ゲーム］を行う．

　　［ゲーム］　2人のうち1人が袋の中からカードを1枚取り出し，
　　　　　　　袋の中に戻す．

1回の［ゲーム］で取り出されたカードに書かれていたものが
　　　　　偶数　ならば　同じ人がもう一度［ゲーム］を行い，
　　　　　奇数　ならば　別の人が［ゲーム］を行い，
　　　　　E　　ならば　以後［ゲーム］は行われない．

最初にAが［ゲーム］を行うとき，この［ゲーム］がn回行われ，その結果$(n+1)$回目の［ゲーム］で袋の中からカードを取り出す人がAとなる確率をa_n，Bとなる確率をb_nとする．ただし，nは正の整数である．

(1)　a_{n+1}とb_{n+1}をそれぞれa_n，b_nを用いて表せ．
(2)　a_nとb_nをそれぞれnを用いて表せ．

演習 8

nを正の整数とする．$1, 2, 3, \cdots, n$の計n個の整数を左から順に1列に並べるとき，1以上n以下のすべての整数iに対して，「左からi番目にはiでない数がある　…(*)」という並べ方の総数を$D(n)$とする．

(1)　$D(1)$の値と$D(2)$の値をそれぞれ求めよ．
(2)　nを3以上の整数とする．$D(n)$を$D(n-1), D(n-2)$を用いて表せ．
(3)　$a_n = \sum_{k=1}^{n} \dfrac{(-1)^k}{k!}$ ($n=1, 2, 3, \cdots$) とする．$D(n)$をn, a_nを用いて表せ．

解説・解答は130ページから

演習 9

有理数の数列 $\{a_n\}$ と $\{b_n\}$ が $(2+\sqrt{3})^n = a_n + b_n\sqrt{3}$ $(n=1, 2, 3, \cdots)$ が成立するように定められている．

(1) a_{n+1} と b_{n+1} をそれぞれ a_n, b_n を用いて表せ．

(2) すべての正の整数 n に対して，a_n, b_n は正の整数であることを証明せよ．

(3) すべての正の整数 n に対して，$(2-\sqrt{3})^n = a_n - b_n\sqrt{3}$ が成り立つことを証明せよ．

(4) $(2+\sqrt{3})^n$ の整数部分を a_n についての式で表せ．

(5) すべての正の整数 n に対して，$a_n^2 - 3b_n^2 = 1$ が成り立つことを証明せよ．さらに，すべての正の整数 n に対して，$(2-\sqrt{3})^n = \sqrt{l} - \sqrt{l-1}$ を満たす正の整数 l が存在することを証明せよ．

演習 10

関数 $f(x)$ を $f(x) = \dfrac{1}{2}x\{1 + e^{-2(x-1)}\}$ とする．ただし，e は自然対数の底である．

(1) $x > \dfrac{1}{2}$ ならば $0 \leqq f'(x) < \dfrac{1}{2}$ であることを示せ．

(2) $$x_{n+1} = f(x_n) \ (n=1, 2, 3, \cdots)$$

を満たす数列 $\{x_n\}$ において，$x_1 \neq 1$ かつ $x_1 > \dfrac{1}{2}$ ならば $\displaystyle\lim_{n\to\infty} x_n = 1$ であることを示せ．

演習 1

次のように定義される数列 $\{a_n\}$ の一般項を求めよ．
$$a_1 = 1, \quad a_{n+1} = (n+1)a_n \ (n = 1, 2, 3, \cdots).$$

〜関連する例題：**例題 7**〜

ポイント

$a_{n+1} = (n+1)a_n$ の両辺を $(n+1)!$ で割ることにより，数列 $\left\{\dfrac{a_n}{n!}\right\}$ が定数列であることがわかる．

$a_{n+1} = (n+1)a_n$ において，$b_n = n$ とおくと，$a_{n+1} = b_{n+1}a_n \ \cdots (*)$ となるので，$(*)$ の両辺を $b_{n+1}b_n b_{n-1} \cdots b_1$ で割って $\dfrac{a_{n+1}}{b_{n+1}b_n b_{n-1} \cdots b_1} = \dfrac{a_n}{b_n b_{n-1} \cdots b_1}$ とすれば，右辺の $\dfrac{a_n}{b_n b_{n-1} \cdots b_1}$ を第 n 項とみたときに左辺が第 $(n+1)$ 項となるというのが，$a_{n+1} = (n+1)a_n$ を変形する際の着眼点である．

▶ 解答 ◀

$a_{n+1} = (n+1)a_n \ (n = 1, 2, 3, \cdots)$ より，
$$\frac{a_{n+1}}{(n+1)!} = \frac{(n+1)a_n}{(n+1)!} \ (n = 1, 2, 3, \cdots)$$

すなわち，
$$\frac{a_{n+1}}{(n+1)!} = \frac{a_n}{n!} \ (n = 1, 2, 3, \cdots)$$

であるから，数列 $\left\{\dfrac{a_n}{n!}\right\}$ は定数列である．また，$a_1 = 1$ より，数列 $\left\{\dfrac{a_n}{n!}\right\}$ の初項は
$$\frac{a_1}{1!} = \frac{1}{1} = 1.$$

よって，数列 $\left\{\dfrac{a_n}{n!}\right\}$ は初項が 1 である定数列なので，
$$\frac{a_n}{n!} = 1 \ (n = 1, 2, 3, \cdots).$$

したがって，$a_n = \boldsymbol{n!} \ (n = 1, 2, 3, \cdots)$.

(**参考**)　$a_{n+1} = (n+1)a_n$ $(n=1, 2, 3, \cdots)$ から，$n \geq 5$ のとき，

$$\begin{aligned} a_n &= na_{n-1} \\ &= n(n-1)a_{n-2} \\ &= n(n-1)(n-2)a_{n-3} \\ &\quad \vdots \\ &= n(n-1)(n-2)\cdots 2a_1 \\ &= n(n-1)(n-2)\cdots 2 \cdot 1 \\ &= n! \end{aligned}$$

となることにより，$a_n = n!$ $(n=1, 2, 3, \cdots)$ となることが推測できる．このように，漸化式を用いて，第 n 項をそれ以前の項で表すことにより，第 n 項が推測できることがある．

演習 2

次のように定義される数列 $\{a_n\}$ がある.
$$a_1 = \frac{1}{2}, \quad a_{n+1} = 3a_n - 2n^2 - 2n + 1 \ (n = 1, 2, 3, \cdots).$$

(1) すべての正の整数 n に対して,
$$a_{n+1} - \{\alpha(n+1)^2 + \beta(n+1) + \gamma\} = 3\{a_n - (\alpha n^2 + \beta n + \gamma)\}$$
が成り立つような定数 α, β, γ の値の組を 1 つ求めよ.

(2) 数列 $\{a_n\}$ を一般項を求めよ.

～関連する例題：例題 9 ～

ポイント

$a_{n+1} - \{\alpha(n+1)^2 + \beta(n+1) + \gamma\} = 3\{a_n - (\alpha n^2 + \beta n + \gamma)\}$ を a_{n+1} について解いた式の右辺と与えられた漸化式 $a_{n+1} = 3a_n - 2n^2 - 2n + 1$ の右辺を比較することで, (1)の, α, β, γ の値の組を 1 つ求めることができる.

そして, (1)により得られた等比型の漸化式を利用すると, 数列 $\{a_n\}$ の一般項を求めることができる.

なお, (1)の設問がなくても,「$a_{n+1} = 3a_n - 2n^2 - 2n + 1$ から(1)のような等比型の漸化式を得ることにより数列 $\{a_n\}$ の一般項を求める」という過程を自ずと歩めるようにしておきたい.

解答

(1) $a_{n+1} - \{\alpha(n+1)^2 + \beta(n+1) + \gamma\} = 3\{a_n - (\alpha n^2 + \beta n + \gamma)\}$ を変形すると,
$$a_{n+1} = 3a_n - 2\alpha n^2 + (2\alpha - 2\beta)n + \alpha + \beta - 2\gamma$$
となるから, この式の右辺と $a_{n+1} = 3a_n - 2n^2 - 2n + 1$ の右辺に着目して,
$$-2\alpha n^2 + (2\alpha - 2\beta)n + \alpha + \beta - 2\gamma = -2n^2 - 2n + 1$$
が n についての恒等式になるための α, β, γ の条件を求めると,
$$-2\alpha = -2 \quad かつ \quad 2\alpha - 2\beta = -2 \quad かつ \quad \alpha + \beta - 2\gamma = 1$$
すなわち, $(\alpha, \beta, \gamma) = (1, 2, 1)$ となるので, 求める α, β, γ の値の組を 1 つ挙げると,
$$(\alpha, \beta, \gamma) = (1, 2, 1).$$

(2) (1)より,

$$a_{n+1} - \{(n+1)^2 + 2(n+1) + 1\} = 3\{a_n - (n^2 + 2n + 1)\}$$

であるから,

数列 $\{a_n - (n^2 + 2n + 1)\}$ は公比が3である等比数列

である.また,$a_1 = \dfrac{1}{2}$ より,数列 $\{a_n - (n^2 + 2n + 1)\}$ の初項は

$$a_1 - (1^2 + 2 \cdot 1 + 1) = \dfrac{1}{2} - 4$$
$$= -\dfrac{7}{2}.$$

よって,数列 $\{a_n - (n^2 + 2n + 1)\}$ は初項が $-\dfrac{7}{2}$,公比が3である等比数列なので,

$$a_n - (n^2 + 2n + 1) = -\dfrac{7}{2} \cdot 3^{n-1} \quad (n = 1, 2, 3, \cdots).$$

したがって,$a_n = -\dfrac{7}{2} \cdot 3^{n-1} + n^2 + 2n + 1 \quad (n = 1, 2, 3, \cdots).$

▶ (1)の別解 ◀

$b_n = \alpha' n^2 + \beta' n + \gamma' \ (n = 1, 2, 3, \cdots) \ (\alpha', \beta', \gamma' \text{は定数})$ と表される数列 $\{b_n\}$ が

$$a_{n+1} = 3a_n - 2n^2 - 2n + 1 \quad \cdots \text{①} \ (n = 1, 2, 3, \cdots)$$

により定まる数列 $\{a_n\}$ のうちの1つであるとすると,

$$b_{n+1} = 3b_n - 2n^2 - 2n + 1 \quad \cdots \text{②} \ (n = 1, 2, 3, \cdots)$$

すなわち,

$$\alpha'(n+1)^2 + \beta'(n+1) + \gamma' = 3(\alpha' n^2 + \beta' n + \gamma') - 2n^2 - 2n + 1$$

となり,これを整理して得られる

$$\alpha' n^2 + (2\alpha' + \beta')n + \alpha' + \beta' + \gamma' = (3\alpha' - 2)n^2 + (3\beta' - 2)n + 3\gamma' + 1$$

が n についての恒等式になるための α', β', γ' の条件を求めると,

$$\alpha' = 3\alpha' - 2 \quad \text{かつ} \quad 2\alpha' + \beta' = 3\beta' - 2 \quad \text{かつ} \quad \alpha' + \beta' + \gamma' = 3\gamma' + 1$$

すなわち,$(\alpha', \beta', \gamma') = (1, 2, 1)$ となるので,$b_n = n^2 + 2n + 1 \ (n = 1, 2, 3, \cdots)$ である数列 $\{b_n\}$ は $a_{n+1} = 3a_n - 2n^2 - 2n + 1 \ (n = 1, 2, 3, \cdots)$ により定まる数列 $\{a_n\}$ のうちの1つである.

以下,$b_n = n^2 + 2n + 1 \ (n = 1, 2, 3, \cdots)$ とすると,①-②により,

$$a_{n+1} - b_{n+1} = 3(a_n - b_n) \ (n = 1, 2, 3, \cdots)$$

すなわち，
$$a_{n+1} - \{(n+1)^2 + 2(n+1) + 1\} = 3\{a_n - (n^2 + 2n + 1)\}$$
となるので，求める α, β, γ の値の組を1つ挙げると，
$$(\alpha, \beta, \gamma) = (1, 2, 1).$$

(参考) 次のようにして数列 $\{a_n\}$ の一般項を求めることができる.
$$a_{n+1} = 3a_n - 2n^2 - 2n + 1 \quad \cdots (*) \quad (n = 1, 2, 3, \cdots)$$ より，
$$a_{n+2} = 3a_{n+1} - 2(n+1)^2 - 2(n+1) + 1 \quad \cdots (**) \quad (n = 1, 2, 3, \cdots).$$
$(**)-(*)$ により，
$$a_{n+2} - a_{n+1} = 3(a_{n+1} - a_n) - 4n - 4 \quad (n = 1, 2, 3, \cdots)$$
であるから，$b_n = a_{n+1} - a_n \ (n = 1, 2, 3, \cdots)$ とおくと，
$$b_{n+1} = 3b_n - 4n - 4 \quad (n = 1, 2, 3, \cdots)$$
となる．また，$a_1 = \dfrac{1}{2}$ と $a_{n+1} = 3a_n - 2n^2 - 2n + 1 \ (n = 1, 2, 3, \cdots)$ より，
$$a_2 = 3a_1 - 2 \cdot 1^2 - 2 \cdot 1 + 1$$
$$= -\dfrac{3}{2}$$
であるから，数列 $\{b_n\}$ の初項は
$$b_1 = a_2 - a_1$$
$$= -2.$$
よって，$b_1 = -2$，$b_{n+1} = 3b_n - 4n - 4 \ (n = 1, 2, 3, \cdots)$ となり，これにより定まる数列 $\{b_n\}$ の一般項を求めると，
$$b_n = -7 \cdot 3^{n-1} + 2n + 3 \quad (n = 1, 2, 3, \cdots)$$
となるから，
$$a_{n+1} - a_n = -7 \cdot 3^{n-1} + 2n + 3 \quad \cdots (***) \quad (n = 1, 2, 3, \cdots).$$
$(*)-(***)$ により，
$$a_n = 3a_n + 7 \cdot 3^{n-1} - 2n^2 - 4n - 2 \quad (n = 1, 2, 3, \cdots)$$
すなわち，
$$a_n = -\dfrac{7}{2} \cdot 3^{n-1} + n^2 + 2n + 1 \quad (n = 1, 2, 3, \cdots).$$
となる．

演習 3

数列 $\{a_n\}$ の初項から第 n 項までの和を S_n とする．次のように定義される数列 $\{a_n\}$ の一般項を求めよ．
$$a_1 = 1, \quad a_{n+1} = 15a_n - 8S_n + 6 \ (n = 1, 2, 3, \cdots).$$

〜関連する例題：**例題 12**，**例題 13**〜

ポイント

$a_{n+1} = 15a_n - 8S_n + 6 \ (n = 1, 2, 3, \cdots)$ は和 S_n を含む漸化式であるから，$a_{n+2} = 15a_{n+1} - 8S_{n+1} + 6$ と $a_{n+1} = 15a_n - 8S_n + 6$ の両辺の差をとり，さらに，$S_{n+1} - S_n = a_{n+1} \ (n = 1, 2, 3, \cdots)$ であることを利用すると，S_n を含まない漸化式を得ることができる．

このようにして，$a_{n+1} = 15a_n - 8S_n + 6 \ (n = 1, 2, 3, \cdots)$ から S_n を含まない漸化式を導くと，$a_{n+2} - pa_{n+1} + qa_n = 0$（$p$，$q$ は定数）という型の漸化式が得られる．さらに，$S_1 = a_1$ であることから，$a_{n+1} = 15a_n - 8S_n + 6$ に $n = 1$ を代入すると a_2 の値を求めることができる．

以上のことから，数列 $\{a_n\}$ の一般項を求めることができる．

解答

$a_{n+1} = 15a_n - 8S_n + 6 \ \cdots (*) \ (n = 1, 2, 3, \cdots)$ より，
$$a_{n+2} = 15a_{n+1} - 8S_{n+1} + 6 \ \cdots (**) \ (n = 1, 2, 3, \cdots).$$
$(**) - (*)$ により，
$$a_{n+2} - a_{n+1} = 15a_{n+1} - 15a_n - 8(S_{n+1} - S_n) \ (n = 1, 2, 3, \cdots)$$
であるから，$S_{n+1} - S_n = a_{n+1} \ (n = 1, 2, 3, \cdots)$ であることにより，
$$a_{n+2} - a_{n+1} = 15a_{n+1} - 15a_n - 8a_{n+1} \ (n = 1, 2, 3, \cdots)$$
すなわち，
$$a_{n+2} - 8a_{n+1} + 15a_n = 0 \ (n = 1, 2, 3, \cdots)$$
である．

また，$(*)$ に $n = 1$ を代入すると，
$$a_2 = 15a_1 - 8S_1 + 6$$
であり，$S_1 = a_1$ であることにより，

$$a_2 = 15a_1 - 8a_1 + 6$$

となる．さらに，$a_1 = 1$ より，

$$a_2 = 15 \cdot 1 - 8 \cdot 1 + 6$$

すなわち，

$$a_2 = 13$$

である．

以上のことから，$a_1 = 1$，$a_2 = 13$，$a_{n+2} - 8a_{n+1} + 15a_n = 0 \ (n = 1, 2, 3, \cdots)$ である．

$a_{n+2} - 8a_{n+1} + 15a_n = 0 \ (n = 1, 2, 3, \cdots)$ より，

$$\begin{cases} a_{n+2} - 5a_{n+1} = 3(a_{n+1} - 5a_n) \ (n = 1, 2, 3, \cdots) & \cdots ① \\ a_{n+2} - 3a_{n+1} = 5(a_{n+1} - 3a_n) \ (n = 1, 2, 3, \cdots) & \cdots ② \end{cases}$$

①より，数列 $\{a_{n+1} - 5a_n\}$ は公比が3である等比数列である．

また，$a_1 = 1$，$a_2 = 13$ より，数列 $\{a_{n+1} - 5a_n\}$ の初項は

$$a_2 - 5a_1 = 13 - 5 \cdot 1$$
$$= 8.$$

よって，数列 $\{a_{n+1} - 5a_n\}$ は初項が8，公比が3である等比数列なので，

$$a_{n+1} - 5a_n = 8 \cdot 3^{n-1} \quad \cdots ①' \ (n = 1, 2, 3, \cdots).$$

さらに，②より，数列 $\{a_{n+1} - 3a_n\}$ は公比が5である等比数列である．

また，$a_1 = 1$，$a_2 = 13$ より，数列 $\{a_{n+1} - 3a_n\}$ の初項は

$$a_2 - 3a_1 = 13 - 3 \cdot 1$$
$$= 10.$$

よって，数列 $\{a_{n+1} - 3a_n\}$ は初項が10，公比が5である等比数列なので，

$$a_{n+1} - 3a_n = 10 \cdot 5^{n-1} \ (n = 1, 2, 3, \cdots)$$

すなわち，

$$a_{n+1} - 3a_n = 2 \cdot 5^n \quad \cdots ②' \ (n = 1, 2, 3, \cdots).$$

①′－②′により，

$$-2a_n = 8 \cdot 3^{n-1} - 2 \cdot 5^n \ (n = 1, 2, 3, \cdots)$$

すなわち，

$$a_n = -4 \cdot 3^{n-1} + 5^n \ (n = 1, 2, 3, \cdots).$$

演習 4

次のように定義される数列 $\{a_n\}$ がある.
$$a_1=2, \ a_2=18, \ a_{n+2}-8a_{n+1}+16a_n=9n-6 \ (n=1, 2, 3, \cdots).$$

(1) $f(n+2)-8f(n+1)+16f(n)=9n-6$ が n についての恒等式となるような 1 次式 $f(n)$ を求めよ.

(2) 数列 $\{a_n\}$ の一般項を求めよ.

〜関連する例題：**例題 9**, **例題 11**〜

ポイント

p, q を定数とする.
$$a_{n+2}-pa_{n+1}+qa_n=(n \text{ の式}) \ (n=1, 2, 3, \cdots)$$
により定まる数列 $\{a_n\}$ の 1 つに数列 $\{b_n\}$ があるとすると,
$$b_{n+2}-pb_{n+1}+qb_n=(n \text{ の式}) \ (n=1, 2, 3, \cdots)$$
となるから, 2 式の差をとると,
$$(a_{n+2}-b_{n+2})-p(a_{n+1}-b_{n+1})+q(a_n-b_n)=0 \ (n=1, 2, 3, \cdots)$$
となり, この漸化式から数列 $\{a_n-b_n\}$ の一般項を求めることができる.

(1) では, $a_{n+2}-8a_{n+1}+16a_n=9n-6 \ (n=1, 2, 3, \cdots)$ により定まる数列 $\{a_n\}$ の 1 つに $b_n=f(n) \ (n=1, 2, 3, \cdots)$ という数列 $\{b_n\}$ があることを示しており, このことが (2) で数列 $\{a_n\}$ の一般項を求める際の手助けになっている.

解答

(1) $f(n)$ は 1 次式であるから, $f(n)=\alpha n+\beta$ (α, β は定数で, $\alpha \neq 0$) とおける.
$f(n+2)-8f(n+1)+16f(n)=9n-6$ から,
$$\{\alpha(n+2)+\beta\}-8\{\alpha(n+1)+\beta\}+16(\alpha n+\beta)=9n-6$$
すなわち,
$$9\alpha n-6\alpha+9\beta=9n-6.$$
これが n についての恒等式になるための α, β の条件は
$$9\alpha=9 \quad \text{かつ} \quad -6\alpha+9\beta=-6$$
すなわち,

123

$$(\alpha, \beta) = (1, 0)$$

であり，これは $\alpha \neq 0$ を満たす．

以上のことから，$f(n) = 1 \cdot n + 0$，すなわち，$f(n) = \boldsymbol{n}$．

(2) (1) より，$f(n) = n$ のとき，$f(n+2) - 8f(n+1) + 16f(n) = 9n - 6$ である．

$$a_{n+2} - 8a_{n+1} + 16a_n = 9n - 6 \quad \cdots ① \quad (n = 1, 2, 3, \cdots)$$

と

$$f(n+2) - 8f(n+1) + 16f(n) = 9n - 6 \quad \cdots ②$$

において，①－②により，

$$\{a_{n+2} - f(n+2)\} - 8\{a_{n+1} - f(n+1)\} + 16\{a_n - f(n)\} = 0 \quad (n = 1, 2, 3, \cdots)$$

であり，$f(n) = n$ より，

$$\{a_{n+2} - (n+2)\} - 8\{a_{n+1} - (n+1)\} + 16(a_n - n) = 0 \quad (n = 1, 2, 3, \cdots)$$

となるから，$x_n = a_n - n$ $(n = 1, 2, 3, \cdots)$ とおくと，

$$x_{n+2} - 8x_{n+1} + 16x_n = 0 \quad (n = 1, 2, 3, \cdots) \quad \cdots ③$$

が成り立つ．

③より，

$$x_{n+2} - 4x_{n+1} = 4(x_{n+1} - 4x_n) \quad (n = 1, 2, 3, \cdots)$$

であるから，数列 $\{x_{n+1} - 4x_n\}$ は公比が 4 である等比数列である．

また，$a_1 = 2$ より，

$$x_1 = a_1 - 1$$
$$= 1$$

であり，$a_2 = 18$ より，

$$x_2 = a_2 - 2$$
$$= 16$$

であるから，数列 $\{x_{n+1} - 4x_n\}$ の初項は

$$x_2 - 4x_1 = 16 - 4 \cdot 1$$
$$= 12.$$

よって，数列 $\{x_{n+1} - 4x_n\}$ は初項が 12，公比が 4 である等比数列なので，

$$x_{n+1} - 4x_n = 12 \cdot 4^{n-1} \quad (n = 1, 2, 3, \cdots) \quad \cdots (\ast).$$

$(\ast)$ より，$x_{n+1} = 4x_n + 3 \cdot 4^n$ $(n = 1, 2, 3, \cdots)$，すなわち，

$$\frac{x_{n+1}}{4^{n+1}} = \frac{x_n}{4^n} + \frac{3}{4} \quad (n = 1, 2, 3, \cdots)$$

であるから，数列 $\left\{\dfrac{x_n}{4^n}\right\}$ は公差が $\dfrac{3}{4}$ である等差数列である．

また，$x_1=1$ より，数列 $\left\{\dfrac{x_n}{4^n}\right\}$ の初項は $\dfrac{x_1}{4^1}=\dfrac{1}{4}$.

よって，数列 $\left\{\dfrac{x_n}{4^n}\right\}$ は初項が $\dfrac{1}{4}$，公差が $\dfrac{3}{4}$ である等差数列なので，
$$\frac{x_n}{4^n}=\frac{1}{4}+(n-1)\cdot\frac{3}{4}\ (n=1,2,3,\cdots)$$
すなわち，
$$x_n=(3n-2)\cdot 4^{n-1}\ (n=1,2,3,\cdots)$$
であり，さらに，$x_n=a_n-n\ (n=1,2,3,\cdots)$ より，
$$a_n-n=(3n-2)\cdot 4^{n-1}\ (n=1,2,3,\cdots).$$
したがって，$a_n=(3n-2)\cdot 4^{n-1}+n\ (n=1,2,3,\cdots)$.

演習 5

xy 平面上において，点 $(1, 1)$ を中心とする半径 1 の円を C とする．さらに，C に外接し，x 軸に接する半径 1 の円のうち，中心が第 1 象限にあるものを C_1 とする．

以下，正の整数 n に対して，C と C_n の両方に外接し，x 軸に接する円を C_{n+1} とする．

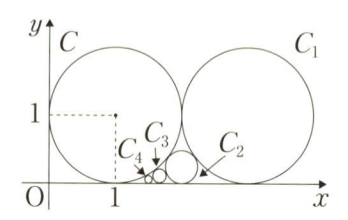

C_n の半径を r_n とするとき，r_n を n を用いて表せ．

～関連する例題：**例題 18**～

ポイント

C が x 軸と接する点と C_n が x 軸と接する点の距離に着目すると，数列 $\{r_n\}$ についての漸化式を立てることができる．

▶解答◀

C と x 軸の接点を A とし，C の半径を r とする．C の半径は 1 であるから，$r=1$ である．

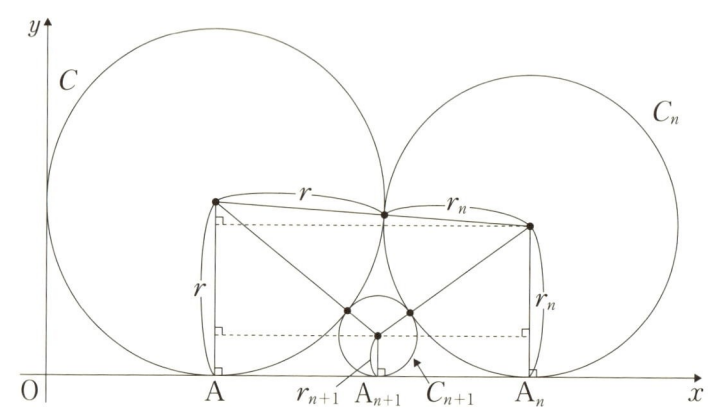

C_n と x 軸の接点を A_n とすると, C_{n+1} は C と C_n の両方に外接し, x 軸に接する円であるから,
$$AA_n = AA_{n+1} + A_{n+1}A_n \ (n=1, 2, 3, \cdots) \quad \cdots(*)$$
であり, さらに, C_n の半径を r_n とすると,
$$\begin{aligned}AA_n &= \sqrt{(r+r_n)^2 - (r-r_n)^2} \\ &= 2\sqrt{rr_n}, \\ AA_{n+1} &= \sqrt{(r+r_{n+1})^2 - (r-r_{n+1})^2} \\ &= 2\sqrt{rr_{n+1}}, \\ A_{n+1}A_n &= \sqrt{(r_n+r_{n+1})^2 - (r_n-r_{n+1})^2} \\ &= 2\sqrt{r_n r_{n+1}} \ (n=1, 2, 3, \cdots)\end{aligned}$$
である.

($*$) より,
$$2\sqrt{rr_n} = 2\sqrt{rr_{n+1}} + 2\sqrt{r_n r_{n+1}} \ (n=1, 2, 3, \cdots)$$
すなわち,
$$\sqrt{rr_n} = \sqrt{rr_{n+1}} + \sqrt{r_n r_{n+1}} \ (n=1, 2, 3, \cdots)$$
であり, $r=1$ より,
$$\sqrt{r_n} = \sqrt{r_{n+1}} + \sqrt{r_n r_{n+1}} \quad \cdots(※) \ (n=1, 2, 3, \cdots).$$

$r_n > 0 \ (n=1, 2, 3, \cdots)$ より $\sqrt{r_n r_{n+1}} > 0 \ (n=1, 2, 3, \cdots)$ であるから, (※) の両辺を $\sqrt{r_n r_{n+1}}$ で割ることにより,
$$\frac{1}{\sqrt{r_{n+1}}} = \frac{1}{\sqrt{r_n}} + 1 \ (n=1, 2, 3, \cdots)$$
となるから, 数列 $\left\{\dfrac{1}{\sqrt{r_n}}\right\}$ は公差が 1 である等差数列である.

C_1 の半径は 1 であるから, $r_1 = 1$ なので, 数列 $\left\{\dfrac{1}{\sqrt{r_n}}\right\}$ の初項は $\dfrac{1}{\sqrt{r_1}} = 1$.

よって, 数列 $\left\{\dfrac{1}{\sqrt{r_n}}\right\}$ は初項が 1, 公差が 1 である等差数列なので,
$$\frac{1}{\sqrt{r_n}} = 1 + (n-1)\cdot 1 \ (n=1, 2, 3, \cdots)$$
すなわち,
$$\frac{1}{\sqrt{r_n}} = n \ (n=1, 2, 3, \cdots).$$
したがって, $r_n = \dfrac{1}{n^2} \ (n=1, 2, 3, \cdots)$.

演習 6

aa と刻まれたスタンプA，bb と刻まれたスタンプB，c と刻まれたスタンプCがあり，これらの3つのスタンプを左から右へ押していき，文字列をつくる．なお，同じスタンプを何回押してもよい．

例えば，スタンプB，スタンプA，スタンプC，スタンプAの順にスタンプを押した場合，$bbaacaa$ という7文字の文字列ができる．

n 文字の文字列ができるように3つのスタンプを押していくとき，スタンプを押す順序は全部で何通りあるか．ただし，n は正の整数である．

〜関連する例題：例題 12, 例題 18〜

ポイント

求める場合の数を a_n 通りとする．最初にどのスタンプを押すかに着目すると，数列 $\{a_n\}$ についての漸化式を立てることができる．

▶解答◀

n 文字の文字列ができるように3つのスタンプを押していくとき，スタンプを押す順序が全部で a_n 通りあるとする．

1文字の文字列は，スタンプCを1回押してできる c の1つであるから，
$$a_1 = 1.$$

2文字の文字列は，スタンプAを1回押してできる aa，スタンプBを1回押してできる bb，スタンプCを2回押してできる cc の3つであるから，
$$a_2 = 3.$$

$n \geq 3$ のとき，n 文字の文字列は次の（ア），（イ）のいずれかのようにしてつくられる．

（ア）最初にスタンプAかスタンプBのいずれかを押し，その後に $(n-2)$ 文字の文字列をつくる．

（イ）最初にスタンプCを押し，その後に $(n-1)$ 文字の文字列をつくる．

（ア）と（イ）は同時に起こらないから，
$$a_n = 2 \cdot a_{n-2} + 1 \cdot a_{n-1} \ (n = 3, 4, 5, \cdots)$$

が成り立つ．このことから，
$$a_{n+2} = 2 \cdot a_n + 1 \cdot a_{n+1} \ (n=1, 2, 3, \cdots)$$
すなわち，
$$a_{n+2} - a_{n+1} - 2a_n = 0 \ (n=1, 2, 3, \cdots).$$
$a_{n+2} - a_{n+1} - 2a_n = 0 \ (n=1, 2, 3, \cdots)$ より，
$$\begin{cases} a_{n+2} - 2a_{n+1} = -(a_{n+1} - 2a_n)(n=1, 2, 3, \cdots) & \cdots ①, \\ a_{n+2} + a_{n+1} = 2(a_{n+1} + a_n)(n=1, 2, 3, \cdots) & \cdots ②. \end{cases}$$
①より，数列 $\{a_{n+1} - 2a_n\}$ は公比が -1 である等比数列である．

また，$a_1 = 1$, $a_2 = 3$ より，数列 $\{a_{n+1} - 2a_n\}$ の初項は $a_2 - 2a_1 = 1$.

よって，数列 $\{a_{n+1} - 2a_n\}$ は初項が 1，公比が -1 である等比数列なので，
$$a_{n+1} - 2a_n = 1 \cdot (-1)^{n-1} \ (n=1, 2, 3, \cdots)$$
すなわち，
$$a_{n+1} - 2a_n = (-1)^{n-1} \quad \cdots ①' \ (n=1, 2, 3, \cdots).$$
さらに，②より，数列 $\{a_{n+1} + a_n\}$ は公比が 2 である等比数列である．

また，$a_1 = 1$, $a_2 = 3$ より，数列 $\{a_{n+1} + a_n\}$ の初項は $a_2 + a_1 = 4$.

よって，数列 $\{a_{n+1} + a_n\}$ は初項が 4，公比が 2 である等比数列なので，
$$a_{n+1} + a_n = 4 \cdot 2^{n-1} \ (n=1, 2, 3, \cdots)$$
すなわち，
$$a_{n+1} + a_n = 2^{n+1} \quad \cdots ②' \ (n=1, 2, 3, \cdots).$$
①′−②′により，
$$-3a_n = (-1)^{n-1} - 2^{n+1} \ (n=1, 2, 3, \cdots).$$
したがって，$a_n = \dfrac{(-1)^n + 2^{n+1}}{3} \ (n=1, 2, 3, \cdots)$.

よって，n 文字の文字列ができるように 3 つのスタンプを押す順序は
$$\dfrac{(-1)^n + 2^{n+1}}{3} \text{ 通り}.$$

演習問題

演習 7

袋の中に1と書かれたカード，2と書かれたカード，3と書かれたカード，Eと書かれたカードの計4枚のカードが入っている．このとき，AとBの2人が次の［ゲーム］を行う．

　［ゲーム］　2人のうち1人が袋の中からカードを1枚取り出し，
　　　　　　袋の中に戻す．

1回の［ゲーム］で取り出されたカードに書かれていたものが
　　　偶数　ならば　同じ人がもう一度［ゲーム］を行い，
　　　奇数　ならば　別の人が［ゲーム］を行い，
　　　E　　ならば　以後［ゲーム］は行われない．

最初にAが［ゲーム］を行うとき，この［ゲーム］がn回行われ，その結果$(n+1)$回目の［ゲーム］で袋の中からカードを取り出す人がAとなる確率をa_n，Bとなる確率をb_nとする．ただし，nは正の整数である．

(1) a_{n+1}とb_{n+1}をそれぞれa_n, b_nを用いて表せ．

(2) a_nとb_nをそれぞれnを用いて表せ．

～関連する例題：**例題 16**，**例題 18**～

ポイント

次のような状況の推移が把握できるかが鍵となる．

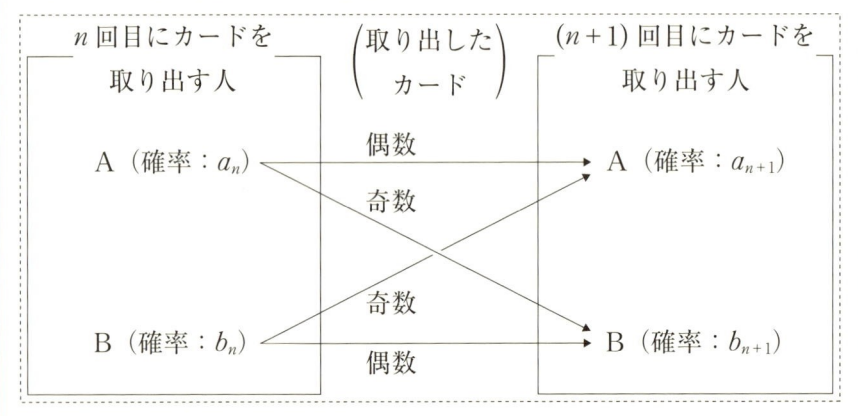

n回目にカードを取り出す人	取り出したカード	$(n+1)$回目にカードを取り出す人
A（確率：a_n）	偶数 →	A（確率：a_{n+1}）
	奇数 ↘	
B（確率：b_n）	奇数 ↗	
	偶数 →	B（確率：b_{n+1}）

▶解答◀

1回の［ゲーム］につき，偶数の書かれたカードが取り出される確率は $\dfrac{1}{4}$，奇数の書かれたカードが取り出される確率は $\dfrac{2}{4}=\dfrac{1}{2}$ である．

(1) $(n+1)$ 回目の［ゲーム］で袋の中からカードを取り出す人が A になるのは，［ゲーム］が n 回行われ，

n 回目に A が偶数の書かれたカードを取り出す

場合か

n 回目に B が奇数の書かれたカードを取り出す

場合かのいずれかであり，これらは互いに排反であるから，

$$a_{n+1} = a_n \cdot \dfrac{1}{4} + b_n \cdot \dfrac{1}{2} \ (n=1, 2, 3, \cdots)$$

すなわち，

$$a_{n+1} = \dfrac{1}{4}a_n + \dfrac{1}{2}b_n \ \cdots① \ (n=1, 2, 3, \cdots).$$

$(n+1)$ 回目の［ゲーム］で袋の中からカードを取り出す人が B になるのは，［ゲーム］が n 回行われ，

n 回目に B が偶数の書かれたカードを取り出す

場合か

n 回目に A が奇数の書かれたカードを取り出す

場合かのいずれかであり，これらは互いに排反であるから，

$$b_{n+1} = b_n \cdot \dfrac{1}{4} + a_n \cdot \dfrac{1}{2} \ (n=1, 2, 3, \cdots)$$

すなわち，

$$b_{n+1} = \dfrac{1}{2}a_n + \dfrac{1}{4}b_n \ \cdots② \ (n=1, 2, 3, \cdots).$$

(2) 最初に A が［ゲーム］を行うことから，$a_1=1$, $b_1=0$ である．

①+②により，

$$a_{n+1}+b_{n+1} = \dfrac{3}{4}(a_n+b_n) \ (n=1, 2, 3, \cdots)$$

であるから，数列 $\{a_n+b_n\}$ は公比が $\dfrac{3}{4}$ である等比数列である．また，$a_1=1$, $b_1=0$ より，数列 $\{a_n+b_n\}$ の初項は $a_1+b_1=1$.

よって，数列 $\{a_n+b_n\}$ は初項が 1, 公比が $\dfrac{3}{4}$ である等比数列であるから，

$$a_n+b_n = 1 \cdot \left(\dfrac{3}{4}\right)^{n-1} \ (n=1, 2, 3, \cdots)$$

すなわち，
$$a_n + b_n = \left(\frac{3}{4}\right)^{n-1} \quad \cdots ①' \ (n=1, 2, 3, \cdots).$$

①-②により，
$$a_{n+1} - b_{n+1} = -\frac{1}{4}(a_n - b_n) \ (n=1, 2, 3, \cdots)$$

であるから，数列 $\{a_n - b_n\}$ は公比が $-\frac{1}{4}$ である等比数列である．また，$a_1 = 1$, $b_1 = 0$ より，数列 $\{a_n - b_n\}$ の初項は $a_1 - b_1 = 1$.

よって，数列 $\{a_n - b_n\}$ は初項が 1, 公比が $-\frac{1}{4}$ である等比数列であるから，
$$a_n - b_n = 1 \cdot \left(-\frac{1}{4}\right)^{n-1} \ (n=1, 2, 3, \cdots)$$

すなわち，
$$a_n - b_n = \left(-\frac{1}{4}\right)^{n-1} \quad \cdots ②' \ (n=1, 2, 3, \cdots).$$

①'+②' により，
$$2a_n = \left(\frac{3}{4}\right)^{n-1} + \left(-\frac{1}{4}\right)^{n-1} \ (n=1, 2, 3, \cdots)$$

すなわち，
$$a_n = \frac{1}{2}\left\{\left(\frac{3}{4}\right)^{n-1} + \left(-\frac{1}{4}\right)^{n-1}\right\} \ (n=1, 2, 3, \cdots).$$

①'-②' により，
$$2b_n = \left(\frac{3}{4}\right)^{n-1} - \left(-\frac{1}{4}\right)^{n-1} \ (n=1, 2, 3, \cdots)$$

すなわち，
$$b_n = \frac{1}{2}\left\{\left(\frac{3}{4}\right)^{n-1} - \left(-\frac{1}{4}\right)^{n-1}\right\} \ (n=1, 2, 3, \cdots).$$

したがって，
$$a_n = \frac{1}{2}\left\{\left(\frac{3}{4}\right)^{n-1} + \left(-\frac{1}{4}\right)^{n-1}\right\}, \ b_n = \frac{1}{2}\left\{\left(\frac{3}{4}\right)^{n-1} - \left(-\frac{1}{4}\right)^{n-1}\right\} \ (n=1, 2, 3, \cdots).$$

演習 8

n を正の整数とする．$1, 2, 3, \cdots, n$ の計 n 個の整数を左から順に 1 列に並べるとき，1 以上 n 以下のすべての整数 i に対して，「左から i 番目には i でない数がある $\cdots(*)$」という並べ方の総数を $D(n)$ とする．

(1) $D(1)$ の値と $D(2)$ の値をそれぞれ求めよ．

(2) n を 3 以上の整数とする．$D(n)$ を $D(n-1), D(n-2)$ を用いて表せ．

(3) $a_n = \sum_{k=1}^{n} \dfrac{(-1)^k}{k!}$ ($n = 1, 2, 3, \cdots$) とする．$D(n)$ を n, a_n を用いて表せ．

　　　　　～関連する例題：**例題 5**，**例題 7**，**例題 11**，**例題 18**～

ポイント

(2)では，左から 1 番目に k という整数があるとき，左から k 番目に 1 があるか否かで場合分けすると数列 $\{D(n)\}$ についての漸化式を立てることができる．

(3)における漸化式の扱い方はかなり大変であり，**解答**を読んで理解できれば十分であろう．

▶ 解答 ◀

(1) 1 を左から順に 1 列に並べるとき，並べ方は

$$1$$

という 1 通りの並べ方しかなく，この並べ方は「左から 1 番目に 1 でない数がある」という並べ方ではないから，$D(1) = 0$．

1, 2 の計 2 個の整数を左から順に 1 列に並べるとき，「左から 1 番目には 1 でない数があり，左から 2 番目には 2 でない数がある」という並べ方は

$$2\ 1$$

という並べ方のみであるから，$D(2) = 1$．

(2) $(*)$ より，左から 1 番目にある整数は 1 以外の $(n-1)$ 個の整数のいずれかである．

以下，左から 1 番目にある整数を k とし，次の（ア），（イ）の場合において，

「$(*)$ を満たすような $1, 2, 3, \cdots, n$ の並べ方 $\cdots(*)'$」
が何通りあるかを求める.

(ア) 左から k 番目に 1 があるとき.

　　左から 1 番目と k 番目以外の $(n-2)$ 箇所について, $(*)$ を満たすような並べ方が $D(n-2)$ 通りあることから, $(*)'$ は $D(n-2)$ 通りある.

(イ) 左から k 番目に 1 がないとき.

　　左から 1 番目以外の $(n-1)$ 箇所について,

　　　　左から k 番目には 1 でない数があり,

　　　　かつ, 左から k 番目以外は $(*)$ を満たす

ような並べ方が $D(n-1)$ 通りあることから, $(*)'$ は $D(n-1)$ 通りある.

(ア), (イ), および, k の値の定め方が $(n-1)$ 通りあることから,
$$D(n) = (n-1)\{D(n-2) + D(n-1)\} \ (n = 3, 4, 5, \cdots).$$

(3) (2)より, $D(n+2) = (n+1)\{D(n) + D(n+1)\} \ (n = 1, 2, 3, \cdots)$ であるから,
$D(n+2) - (n+2)D(n+1) = -\{D(n+1) - (n+1)D(n)\} \ (n = 1, 2, 3, \cdots).$

よって, 数列 $\{D(n+1) - (n+1)D(n)\}$ は公比が -1 である等比数列である.

また, $D(1) = 0$, $D(2) = 1$ より, 数列 $\{D(n+1) - (n+1)D(n)\}$ の初項は
$$D(2) - 2D(1) = 1 - 2 \cdot 0$$
$$= 1.$$

よって, 数列 $\{D(n+1) - (n+1)D(n)\}$ は初項が 1, 公比が -1 である等比数列なので,
$$D(n+1) - (n+1)D(n) = 1 \cdot (-1)^{n-1} \ (n = 1, 2, 3, \cdots)$$
すなわち,
$$D(n+1) = (n+1)D(n) + (-1)^{n-1} \ \cdots (※) \ (n = 1, 2, 3, \cdots).$$

(※) の両辺を $(n+1)!$ で割ることにより,
$$\frac{D(n+1)}{(n+1)!} = \frac{D(n)}{n!} + \frac{(-1)^{n-1}}{(n+1)!} \ (n = 1, 2, 3, \cdots).$$

よって, 数列 $\left\{\dfrac{D(n)}{n!}\right\}$ の階差数列を $\{b_n\}$ とすると,

$$b_n = \frac{(-1)^{n-1}}{(n+1)!} \ (n=1,2,3,\cdots)$$

である.

また,$D(1)=0$ より,数列 $\left\{\dfrac{D(n)}{n!}\right\}$ の初項は $\dfrac{D(1)}{1!}=0$ ……①.

したがって,$n \geqq 2$ のとき,

$$\begin{aligned}
\frac{D(n)}{n!} &= 0 + \sum_{k=1}^{n-1} \frac{(-1)^{k-1}}{(k+1)!} \\
&= \sum_{k=1}^{n-1} \frac{(-1)^{k+1}}{(k+1)!} \\
&= \sum_{k=2}^{n} \frac{(-1)^k}{k!} \\
&= \sum_{k=1}^{n} \frac{(-1)^k}{k!} - \frac{(-1)^1}{1!} \\
&= \sum_{k=1}^{n} \frac{(-1)^k}{k!} + 1.
\end{aligned}$$

①より,$\dfrac{D(n)}{n!} = \displaystyle\sum_{k=1}^{n} \dfrac{(-1)^k}{k!} + 1$ は $n=1$ のときも成り立つ.

以上のことと $a_n = \displaystyle\sum_{k=1}^{n} \dfrac{(-1)^k}{k!} \ (n=1,2,3,\cdots)$ より,

$$D(n) = n! \cdot (a_n + 1) \ (n=1,2,3,\cdots).$$

演習 9

有理数の数列 $\{a_n\}$ と $\{b_n\}$ が $(2+\sqrt{3})^n = a_n + b_n\sqrt{3}$ $(n=1, 2, 3, \cdots)$ が成立するように定められている．

(1) a_{n+1} と b_{n+1} をそれぞれ a_n, b_n を用いて表せ．

(2) すべての正の整数 n に対して，a_n, b_n は正の整数であることを証明せよ．

(3) すべての正の整数 n に対して，$(2-\sqrt{3})^n = a_n - b_n\sqrt{3}$ が成り立つことを証明せよ．

(4) $(2+\sqrt{3})^n$ の整数部分を a_n についての式で表せ．

(5) すべての正の整数 n に対して，$a_n^2 - 3b_n^2 = 1$ が成り立つことを証明せよ．さらに，すべての正の整数 n に対して，$(2-\sqrt{3})^n = \sqrt{l} - \sqrt{l-1}$ を満たす正の整数 l が存在することを証明せよ．

～関連する例題：例題 2，例題 18，例題 19～

ポイント

$(2+\sqrt{3})^{n+1} = a_{n+1} + b_{n+1}\sqrt{3}$ $(n=1, 2, 3, \cdots)$ であることが(1)の解決のポイントである．そして，(1)で得られた漸化式を利用すれば，(2)と(3)は数学的帰納法により証明することができる．

(4)は，$N \leqq (2+\sqrt{3})^n < N+1$ を満たす整数 N を a_n についての式で表す設問であるが，a_n が正の整数であることと $0 < (2-\sqrt{3})^n < 1$ であることに着目できれば解決できる．

(5)は，$a_n^2 - 3b_n^2 = 1$ により，$(2-\sqrt{3})^n = \sqrt{l} - \sqrt{l-1}$ となる正の整数 l が存在することがわかることがポイントである．

解答

(1) $(2+\sqrt{3})^{n+1} = a_{n+1} + b_{n+1}\sqrt{3}$ $(n=1, 2, 3, \cdots)$ であるから，
$$\begin{aligned} a_{n+1} + b_{n+1}\sqrt{3} &= (2+\sqrt{3})^{n+1} \\ &= (2+\sqrt{3})(2+\sqrt{3})^n \\ &= (2+\sqrt{3})(a_n + b_n\sqrt{3}) \\ &= (2a_n + 3b_n) + (a_n + 2b_n)\sqrt{3} \ (n=1, 2, 3, \cdots). \end{aligned}$$

a_n, b_n は有理数であるから，a_{n+1}, b_{n+1}, $2a_n+3b_n$, a_n+2b_n も有理数となるので，
$$a_{n+1}=2a_n+3b_n, \quad b_{n+1}=a_n+2b_n \ (n=1, 2, 3, \cdots).$$

(2) すべての正の整数 n に対して，「a_n, b_n は正の整数である …(∗)」ことを，数学的帰納法により証明する．

（証明）

[Ⅰ] $n=1$ のとき，a_1, b_1 が有理数であることと $2+\sqrt{3}=a_1+b_1\sqrt{3}$ より，$a_1=2$, $b_1=1$ であるから，(∗) は成り立つ．

[Ⅱ] k を正の整数とする．$n=k$ のとき (∗) が成り立つ，すなわち，
$$a_k, \ b_k は正の整数である \ \cdots(**)$$
であると仮定する．(1) より，
$$a_{k+1}=2a_k+3b_k, \quad b_{k+1}=a_k+2b_k$$
であり，さらに，(∗∗) より，a_{k+1}, b_{k+1} は正の整数となるから，$n=k+1$ のときも (∗) は成り立つ．

[Ⅰ], [Ⅱ] より，すべての正の整数 n に対して，(∗) は成り立つ．（証明終）

(3) すべての正の整数 n に対して，$(2-\sqrt{3})^n=a_n-b_n\sqrt{3}$ …(∗)′ が成り立つことを，数学的帰納法により証明する．

（証明）

（Ⅰ） $n=1$ のとき，$2-\sqrt{3}=2-1\cdot\sqrt{3}$ であることと，(2) より $a_1=2$, $b_1=1$ であることから，(∗)′ は成り立つ．

（Ⅱ） m を正の整数とする．$n=m$ のとき (∗)′ が成り立つ，すなわち，
$$(2-\sqrt{3})^m=a_m-b_m\sqrt{3} \ \cdots(**)'$$
であると仮定する．(1) より，
$$a_{m+1}=2a_m+3b_m, \quad b_{m+1}=a_m+2b_m$$
であるから，
$$\begin{aligned}(2-\sqrt{3})^{m+1}&=(2-\sqrt{3})(2-\sqrt{3})^m\\&=(2-\sqrt{3})(a_m-b_m\sqrt{3})\\&=(2a_m+3b_m)-(a_m+2b_m)\sqrt{3}\\&=a_{m+1}-b_{m+1}\sqrt{3}\end{aligned}$$
となるので，$n=m+1$ のときも (∗)′ は成り立つ．

（Ⅰ），（Ⅱ）より，すべての正の整数 n に対して，$(*)'$ は成り立つ．（証明終）

(4)　$(2+\sqrt{3})^n = a_n + b_n\sqrt{3}$　…①　$(n=1, 2, 3, \cdots)$ と，(3) より得られた
$$(2-\sqrt{3})^n = a_n - b_n\sqrt{3} \quad \cdots ② \quad (n=1, 2, 3, \cdots)$$
において，①＋② により，
$$(2+\sqrt{3})^n + (2-\sqrt{3})^n = 2a_n \quad (n=1, 2, 3, \cdots)$$
すなわち，
$$(2+\sqrt{3})^n = 2a_n - (2-\sqrt{3})^n \quad \cdots ③ \quad (n=1, 2, 3, \cdots).$$
$0 < 2-\sqrt{3} < 1$ より，$0 < (2-\sqrt{3})^n < 1$ であるから，③ により，
$$2a_n - 1 < (2+\sqrt{3})^n < 2a_n \quad \cdots ④ \quad (n=1, 2, 3, \cdots).$$
(2) より a_n は整数であるから，$2a_n - 1$ も整数である．このことと ④ より，$(2+\sqrt{3})^n$ の整数部分は $\mathbf{2a_n - 1}$．

(5)（証明）

① と ② の両辺を掛けることにより，
$$(a_n + b_n\sqrt{3})(a_n - b_n\sqrt{3}) = (2+\sqrt{3})^n(2-\sqrt{3})^n \quad (n=1, 2, 3, \cdots)$$
すなわち，
$$a_n^2 - (b_n\sqrt{3})^2 = \{(2+\sqrt{3})(2-\sqrt{3})\}^n \quad (n=1, 2, 3, \cdots)$$
となるので，このことから，すべての正の整数 n に対して，
$$a_n^2 - 3b_n^2 = 1$$
が成り立つ．

したがって，$3b_n^2 = a_n^2 - 1$ $(n=1, 2, 3, \cdots)$ であり，さらに，(2) より a_n，b_n は正の整数であるから，
$$\begin{aligned}(2-\sqrt{3})^n &= a_n - b_n\sqrt{3} \\ &= \sqrt{a_n^2} - \sqrt{3b_n^2} \\ &= \sqrt{a_n^2} - \sqrt{a_n^2 - 1} \quad (n=1, 2, 3, \cdots)\end{aligned}$$
となるので，すべての正の整数 n に対して，$l = a_n^2$ とすると，
$$(2-\sqrt{3})^n = \sqrt{l} - \sqrt{l-1}$$
が成り立つ．さらに，a_n は正の整数であるから，l も正の整数である．

したがって，すべての正の整数 n に対して，$(2-\sqrt{3})^n = \sqrt{l} - \sqrt{l-1}$ を満たす正の整数 l が存在する．　（証明終）

演習 10

関数 $f(x)$ を $f(x) = \dfrac{1}{2} x \{1 + e^{-2(x-1)}\}$ とする．ただし，e は自然対数の底である．

(1) $x > \dfrac{1}{2}$ ならば $0 \leq f'(x) < \dfrac{1}{2}$ であることを示せ．

(2)
$$x_{n+1} = f(x_n) \ (n = 1, 2, 3, \cdots)$$

を満たす数列 $\{x_n\}$ において，$x_1 \neq 1$ かつ $x_1 > \dfrac{1}{2}$ ならば $\displaystyle\lim_{n \to \infty} x_n = 1$ であることを示せ．

〜関連する例題：例題 20〜

ポイント

漸化式から一般項を求めることなく，数列の極限を求めることができるかを問う問題で，(2)では，$|x_{n+1} - 1| \leq r |x_n - 1|$ $(n = 1, 2, 3, \cdots)$ となる定数 r で，$0 \leq r < 1$ を満たすものが平均値の定理により求められることに着目する．

解答

(1)（証明）

$$f'(x) = \dfrac{1}{2} \{1 + (1 - 2x) e^{-2(x-1)}\} \text{ より,} \quad f''(x) = 2(x - 1) e^{-2(x-1)}.$$

よって，$x > \dfrac{1}{2}$ における $f'(x)$ の増減は次のようになる．

x	$\dfrac{1}{2}$	$\cdots$	1	$\cdots$
$f''(x)$		$-$	0	$+$
$f'(x)$		↘	0	↗

また，$\dfrac{1}{2} - f'(x) = \dfrac{1}{2} (2x - 1) e^{-2(x-1)}$ となることから，$x > \dfrac{1}{2}$ のとき，
$$\dfrac{1}{2} - f'(x) > 0.$$

以上のことから，$x > \dfrac{1}{2}$ ならば $0 \leq f'(x) < \dfrac{1}{2}$ である． （証明終）

139

(2)（証明）

(1)より，$x > \dfrac{1}{2}$ において $f(x)$ は増加する　…（∗）．

（∗）と $f(1) = 1$ であることから，$x > \dfrac{1}{2}$ において，$f(x) = 1$ となる x の値は $x = 1$ のみである．

また，$f\left(\dfrac{1}{2}\right) = \dfrac{1+e}{4}$ であり，$\dfrac{1+e}{4} > \dfrac{1}{2}$ であることから，（∗）により，

$$x > \dfrac{1}{2} \text{ ならば } f(x) > \dfrac{1}{2}$$

である．

以上のことと，$x_1 \neq 1$ かつ $x_1 > \dfrac{1}{2}$，$x_{n+1} = f(x_n)$ $(n = 1, 2, 3, \cdots)$ より，帰納的に

$$x_n \neq 1 \quad \text{かつ} \quad x_n > \dfrac{1}{2} \quad (n = 1, 2, 3, \cdots)$$

である．

$x_n \neq 1$ $(n = 1, 2, 3, \cdots)$ より，平均値の定理から，すべての正の整数 n に対して，

$$\dfrac{f(x_n) - f(1)}{x_n - 1} = f'(c_n) \quad \cdots ①$$

を満たす c_n が x_n と 1 の間に存在する．

$x_{n+1} = f(x_n)$ $(n = 1, 2, 3, \cdots)$ と $f(1) = 1$ より，①から

$$\dfrac{x_{n+1} - 1}{x_n - 1} = f'(c_n) \quad (n = 1, 2, 3, \cdots)$$

すなわち，

$$x_{n+1} - 1 = f'(c_n)(x_n - 1) \quad (n = 1, 2, 3, \cdots).$$

よって，

$$|x_{n+1} - 1| = |f'(c_n)(x_n - 1)| \quad (n = 1, 2, 3, \cdots)$$

すなわち，

$$|x_{n+1} - 1| = |f'(c_n)| \cdot |x_n - 1| \quad (n = 1, 2, 3, \cdots) \quad \cdots ②.$$

ここで，$x_n > \dfrac{1}{2}$ $(n = 1, 2, 3, \cdots)$ であり，c_n は x_n と 1 の間に存在するから，

$$c_n > \dfrac{1}{2} \quad (n = 1, 2, 3, \cdots)$$

となる．このことと(1)より，$|f'(c_n)| < \dfrac{1}{2}$ $(n = 1, 2, 3, \cdots)$ が成り立つから，②より，
$$|x_{n+1} - 1| < \dfrac{1}{2}|x_n - 1| \quad (n = 1, 2, 3, \cdots).$$

以上のことから，
$$0 < |x_n - 1| \leqq \left(\dfrac{1}{2}\right)^{n-1}|x_1 - 1| \quad (n = 1, 2, 3, \cdots) \quad \cdots ③$$
となる．

$\displaystyle\lim_{n \to \infty} 0 = 0$，$\displaystyle\lim_{n \to \infty}\left(\dfrac{1}{2}\right)^{n-1}|x_1 - 1| = 0$ であるから，③より，
$$\lim_{n \to \infty}|x_n - 1| = 0.$$

したがって，$\displaystyle\lim_{n \to \infty} x_n = 1$ が成り立つ． (証明終)

著者プロフィール

秦野 透（はたの とおる）

河合塾数学科講師．専攻は代数的整数論．
高校数学の初学者から大学受験生まで幅広く指導する傍ら，模擬試験や教材の作成，および保護者への講演など，多方面から大学受験に携わる．
著書に，『数Ⅲ定理・公式ポケットリファレンス』『数Ⅲ攻略精選問題集40』（技術評論社）がある．

漸化式の解法 頻出パターン徹底網羅30
2015年7月25日　初版　第1刷発行

著　者　秦野 透(はたの とおる)
発行者　片岡　巖
発行所　株式会社技術評論社
　　　　東京都新宿区市谷左内町21-13
　　　　電話　03-3513-6150　販売促進部
　　　　　　　03-3267-2270　書籍編集部
印刷／製本　株式会社 加藤文明社

定価はカバーに表示してあります。

本書の一部または全部を著作権法の定める範囲を超え、無断で複写、複製、転載、テープ化、ファイルに落とすことを禁じます。

©2015　遠藤 寛典

造本には細心の注意を払っておりますが、万一、乱丁（ページの乱れ）や落丁（ページの抜け）がございましたら、小社販売促進部までお送りください。送料小社負担にてお取り替えいたします。

● 装丁　下野ツヨシ（ツヨシ＊グラフィックス）
● 本文デザイン、DTP　株式会社 RUHIA

ISBN978-4-7741-7433-4　C7041

Printed in Japan